碳达峰 碳中和

知识 500 问

姚振军　冯宝强　主编

北京工业大学出版社

图书在版编目（CIP）数据

　　碳达峰碳中和知识 500 问 / 姚振军，冯宝强主编． --
北京 ： 北京工业大学出版社，2023.4
　　ISBN 978-7-5639-8606-4

　　Ⅰ．①碳… Ⅱ．①姚… ②冯… Ⅲ．①二氧化碳—节
能减排—基本知识 Ⅳ．①X511

　　中国国家版本馆 CIP 数据核字（2023）第 066987 号

碳达峰碳中和知识 500 问

TANDAFENG TANZHONGHE ZHISHI 500 WEN

主　　编：姚振军　冯宝强
策划编辑：郑　毅
责任编辑：孙　勃
封面设计：臻道文化
出版发行：北京工业大学出版社
　　　　　　（北京市朝阳区平乐园 100 号　邮编：100124）
　　　　　　010-67391722（传真）　bgdcbs@sina.com
经销单位：全国各地新华书店
承印单位：石家庄汇展印刷有限公司
开　　本：787 毫米×1092 毫米　1/16
印　　张：15.75
字　　数：357 千字
版　　次：2023 年 4 月第 1 版
印　　次：2023 年 4 月第 1 次印刷
标准书号：ISBN 978-7-5639-8606-4
定　　价：68.00 元

前　言

2020年9月22日，习近平总书记在第七十五届联合国大会一般性辩论上宣布，中国二氧化碳排放力争2030年前达到峰值，努力争取2060年前实现碳中和。实现碳达峰碳中和是以习近平总书记为核心的党中央统筹国内国际两个大局，经过深思熟虑作出的重大战略决策，是着力解决资源环境约束突出问题，实现中华民族永续发展的必然选择，也是构建人类命运共同体的庄严承诺。同时，将碳达峰碳中和纳入生态文明建设整体布局和经济社会发展全局，体现了党对经济社会发展规律和生态文明建设规律的认识不断深化，具有重大的历史意义和现实意义。

实现碳达峰碳中和目标是一项多维度、立体化的系统工程，需要从顶层设计、实施路径、低碳技术，市场交易等不同角度进行全方位的思考。然而，在与各相关主体的交流过程中，我们发现，社会各界对碳达峰碳中和目标的认识还不是很清晰，仍有许多问题亟须得到解答。因此，在大量查阅相关政策、法规、书籍、论文、报道等资料的基础上，经过反复研究讨论，我们总结出500个广受各界关注的关键问题并逐一进行解答。

本书内容包括基础篇、政策篇、市场篇、技术篇、产业篇、金融篇、主体篇、国际篇和节日篇九个部分。基础篇重点为碳达峰碳中和的背景和理论体系；政策篇主要为中国碳达峰碳中和的顶层设计和地方有代表性的碳达峰碳中和政策；市场篇重点为中国碳市场交易的发展现状，以及如何完善碳交易市场体系；技术篇重点为了低碳技术、无碳技术和去碳技术的发展现状和发展前景，以及如何加快先进技术的推广应用；产业篇包括第一产业、第二产业和第三产业三部分，重点阐述各产业、各领域如何通过减污降碳行动助力碳达峰碳中和目标的实现；金融篇重点为中国绿色金融的发展现状，以及如何完善中国的绿色金融体系；主体篇包括企业、城市、社会、生活四部分，重点为社会主体与碳达峰碳中和的关系，以及社会主体如何参与碳达峰碳中和行动，号召全社会共同努力，倡导绿色低碳生活，为实现碳达峰碳中和目标贡献力量。国际篇主要为碳达峰碳中和的国际局势；节日篇列举了与环境相关的主要节日，通过传播环保理念增强大众参与碳达峰碳中和行动的意识。

总之,《碳达峰碳中和知识 500 问》是一本普及性读物,以碳达峰碳中和基本理论和政策为基础,通过通俗语言传播科学的碳达峰碳中和知识是其主要任务。同时,考虑到碳达峰碳中和是一个综合的、交叉的、跨学科的知识体系,本书在碳达峰碳中和基础知识和政策的基础上增加了碳交易市场,绿色低碳技术,产业转型升级,全民行动策略等诸多版块。为政府部门、行业部门制定碳达峰碳中和政策提供了理论和数据支撑,为寻求产业转型和参与碳排放交易的企业提供了理论和实践范例。这对于进一步提高碳达峰碳中和行动的社会参与度,构建绿色低碳循环发展的经济体系有一定的积极意义。

在此,谨向本书编写和出版过程中,所有给予本书帮助支持的单位和同志表示衷心感谢。

限于水平,本书在编写过程中可能还存在不足之处,恳请广大读者批评指正。

编者

2022 年 11 月

目 录

第二部分　政策篇

第三部分　市场篇

第四部分　技术篇

第五部分 产业篇

第六部分　金融篇

第七部分　主体篇

第九部分　节日篇

参考资料

后　记

第一部分　基础篇

C

1. 什么是碳达峰？如何判定碳达峰？

碳达峰（Peak Carbon Dioxide Emissions）是某个地区或行业年度二氧化碳排放量达到历史最高值，是二氧化碳排放量由增转降的历史拐点，标志着经济发展由高耗能、高排放向清洁、低能耗模式的转变。

是否实现碳达峰，当年难以判定，一般来说，后续至少5年碳排放都没有超过前期峰值，才能确认为碳达峰。

2. 什么是碳中和？碳达峰与碳中和的关系是什么？

碳中和（Carbon Neutrality）是指某个地区在一定时间内（一般指一年），人类活动直接和间接排放的二氧化碳与通过植树造林、工业固碳等吸收的二氧化碳相互抵消，实现二氧化碳"净零排放"。

碳达峰与碳中和相辅相成。由于植树造林、工业固碳等所能吸收的碳量相对固定，远远少于工业发展所排放的碳量，所以，为实现碳中和愿景，必须通过制定并实施碳达峰方案，扭转二氧化碳排放的增长趋势。此外，碳排放峰值并不是越高越好。峰值越高，碳中和的难度越大，耗时越长。为盲目摸高而新建高碳排放项目，将在项目存续期间长期占用大量的碳排放份额，形成碳排放锁定效应，造成未来数十年里高效低碳产业无碳可排的局面，为实现2060年前碳中和目标带来巨大压力。

3. 什么是生态文明？

生态文明是指人类为保护和建设美好生态环境而取得的物质成果、精神成果和制度成果的总和，是贯穿于经济建设、政治建设、文化建设、社会建设全过程和各方面的系统工程。生态文明反映了一个社会的文明进步状态。

4. 如何建设生态文明？

建设生态文明是中华民族永续发展的千年大计。必须树立和践行绿水青山就是金山银山的理念，坚持节约资源和保护环境的基本国策，像对待生命一样对待生态环境，统筹山水林田湖草系统治理，实行最严格的生态环境保护制度，形成绿色发展方式和生活方式，坚定走生产发展、生活富裕、生态良好的文明发展道路，建设美丽中国，为人民创造良好生产生活环境，为全球生态安全作出贡献。

5. 生态文明体制改革的指导思想是什么？

按照党中央、国务院的决策部署，坚持节约资源和保护环境的基本国策，坚持节约优先、保护优先、自然恢复为主方针，立足中国社会主义初级阶段的基本国情和新的阶段性特征，以建设美丽中国为目标，以正确处理人与自然关系为核心，以解决生态环境领域突出问题为导向，保障国家生态安全，改善环境质量，提高资源利用效率，推动形成人与自然和谐发展的现代化建设新格局。

6. 生态文明体制改革的理念是什么？

（1）树立尊重自然、顺应自然、保护自然的理念，生态文明建设不仅影响经济持续健康发展，也关系政治和社会建设，必须放在突出地位，融入经济建设、政治建设、文化建设、社会建设各方面和全过程。

（2）树立发展和保护相统一的理念，坚持发展是硬道理的战略思想，发展必须是绿色发展、循环发展、低碳发展，平衡好发展和保护的关系，按照主体功能定位控制开发强度，调整空间结构，给子孙后代留下天蓝、地绿、水净的美好家园，实现发展与保护的内在统一、相互促进。

（3）树立绿水青山就是金山银山的理念，清新空气、清洁水源、美丽山川、肥沃土地、生物多样性是人类生存必需的生态环境，坚持发展是第一要务，必须保护森林、草原、河流、湖泊、湿地、海洋等自然生态。

（4）树立自然价值和自然资本的理念，自然生态是有价值的，保护自然就是增值自然价值和自然资本的过程，就是保护和发展生产力，就应得到合理回报和经济补偿。

（5）树立空间均衡的理念，把握人口、经济、资源环境的平衡点推动发展，人口规模、产业结构、增长速度不能超出当地水土资源承载能力和环境容量。

（6）树立山水林田湖是一个生命共同体的理念，按照生态系统的整体性、系统性及其内在规律，统筹考虑自然生态各要素、山上山下、地上地下、陆地海洋以及流域上下游，进行整体保护、系统修复、综合治理，增强生态系统循环能力，维护生态平衡。

7. 生态文明建设有什么重要意义？

生态文明建设，是关系人民福祉、关乎民族未来的长远大计。面对资源约束趋紧、环境污染严重、生态系统退化的严峻形势，必须树立尊重自然、顺应自然、保护自然的生态文明理念，把生态文明建设放在突出地位，融入经济建设、政治建设、文化建设、社会建设各方面和全过程，努力建设美丽中国，实现中华民族永续发展。

8. 如何大力推进生态文明建设？

坚持节约资源和保护环境的基本国策，坚持节约优先、保护优先、自然恢复为主的方针，着力推进绿色发展、循环发展、低碳发展，形成节约资源和保护环境的空间格局、产业结构、生产方式、生活方式，从源头上扭转生态环境恶化趋势，为人民创造良好的生产生活环境，为全球生态安全作出贡献。

（1）优化国土空间开发格局。国土是生态文明建设的空间载体，必须珍惜每一寸国土。要按照人口资源环境相均衡、经济社会生态效益相统一的原则，控制开发强度，调整空间结构，促进生产空间集约高效、生活空间宜居适度、生态空间山清水秀，给自然留下更多修复空间，给农业留下更多良田，给子孙后代留下天蓝、地绿、水净的美好家园。加快实施主体功能区战略，推动各地区严格按照主体功能定位发展，构建科学合理的城市化格局、农业发展格局、生态安全格局。提高海洋资源开发能力，发展海洋经济，保护海洋生态环境，坚决维护国家海洋权益，建设海洋强国。

（2）全面促进资源节约。节约资源是保护生态环境的根本之策。要节约集约利用资源，推动资源利用方式根本转变，加强全过程节约管理，大幅降低能源、水、土地消耗强度，提高利用效率和效益。推动能源生产和消费革命，控制能源消费总量，加强节能降耗，支持节能低碳产业和新能源、可再生能源发展，确保国家能源安全。加强水源地保护和用水总量管理，推进水循环利用，建设节水型社会。严守耕地保护红线，严格土地用途管制。加强矿产资源勘查、保护、合理开发。发展循环经济，促进生产、流通、消费过程的减量化、再利用、资源化。

（3）加大对自然生态系统和环境的保护力度。良好的生态环境是人和社会持续发展的根本基础。要实施重大生态修复工程，增强生态产品生产能力，推进荒漠化、石漠化、水土流失综合治理，扩大森林、湖泊、湿地面积，保护生物多样性。加快水利建设，增强城乡防洪、抗旱、排涝能力。加强防灾减灾体系建设，提高气象、地质、地震灾害防御能力。坚持预防为主、综合治理，以解决损害群众健康突出环境问题为重点，强化水、大气、土壤等污染防治。坚持共同但有区别的责任原则、公平原则、各自能力原则，同国际社会一道积极应对全球气候变化。

（4）加强生态文明制度建设。保护生态环境必须依靠制度。要把资源消耗、环境损害、生态效益纳入经济社会发展评价体系，建立体现生态文明要求的目标体系、考核办法、奖惩机制。建立国土空间开发保护制度，完善最严格的耕地保护制度、水资源管理制度、环境保护制度。深化资源性产品价格和税费改革，建立反映市场供求和资源稀缺程度、体现生态价值和代际补偿的资源有偿使用制度和生态补偿制度。积极开展节能量、碳排放权、排污权、水权交易试点。加强环境监管，健全生态环境保护责任追究制度和环境损害赔偿制度。加强生态文明宣传教育，增强全民节约意识、环保意识、生态意识，形成合理消费的社会风尚，营造爱护生态环境的良好风气。

9. 新时代推进生态文明建设，需要坚持好哪些原则？

（1）坚持人与自然和谐共生，坚持节约优先、保护优先、自然恢复为主的方针，像保护眼睛一样保护生态环境，像对待生命一样对待生态环境，让自然生态美景永驻人间，还自然以宁静、和谐、美丽。

（2）绿水青山就是金山银山，贯彻创新、协调、绿色、开放、共享的发展理念，加快形成节约资源和保护环境的空间格局、产业结构、生产方式、生活方式，给自然生态留下休养生息的时间和空间。

（3）良好生态环境是最普惠的民生福祉，坚持生态惠民、生态利民、生态为民，重点解决损害群众健康的突出环境问题，不断满足人民日益增长的优美生态环境需要。

（4）山水林田湖草是生命共同体，要统筹兼顾、整体施策、多措并举，全方位、全地域、全过程开展生态文明建设。

（5）用最严格制度最严密法治保护生态环境，加快制度创新，强化制度执行，让制度成为刚性的约束和不可触碰的高压线。

（6）共谋全球生态文明建设，深度参与全球环境治理，形成世界环境保护和可持续发展的解决方案，引导应对气候变化国际合作。

10. 如何推动绿色发展，促进人与自然和谐共生？

大自然是人类赖以生存发展的基本条件。尊重自然、顺应自然、保护自然，是全面建设社会主义现代化国家的内在要求。必须牢固树立和践行绿水青山就是金山银山的理念，站在人与自然和谐共生的高度谋划发展。

推进美丽中国建设，坚持山水林田湖草沙一体化保护和系统治理，统筹产业结构调整、污染治理、生态保护、应对气候变化，协同推进降碳、减污、扩绿、增长，推进生态优先、节约集约、绿色低碳发展。

（1）加快发展方式绿色转型。推动经济社会发展绿色化、低碳化是实现高质量发展的关键环节。加快推动产业结构、能源结构、交通运输结构等调整优化。实施全面节约战略，推进各类资源节约集约利用，加快构建废弃物循环利用体系。完善支持绿色发展的财税、金融、投资、价格政策和标准体系，发展绿色低碳产业，健全资源环境要素市场化配置体系，加快节能降碳先进技术研发和推广应用，倡导绿色消费，推动形成绿色低碳的生产方式和生活方式。

（2）深入推进环境污染防治。坚持精准治污、科学治污、依法治污，持续深入打好蓝天、碧水、净土保卫战。加强污染物协同控制，基本消除重污染天气。统筹水资源、水环境、水生态治理，推动重要江河湖库生态保护治理，基本消除城市黑臭水体。加强土壤污染源头防控，开展新污染物治理。提升环境基础设施建设水平，推进城乡人居环境整治。全面实行排污许可制，健全现代环境治理体系。严密防控环境风险。深入推进中央生态环境保护督察。

（3）提升生态系统多样性、稳定性、持续性。以国家重点生态功能区、生态保护红线、自然保护地等为重点，加快实施重要生态系统保护和修复重大工程。推进以国家公园为主体的自然保护地体系建设。实施生物多样性保护重大工程。科学开展大规模国土绿化行动。深化集体林权制度改革。推行草原森林河流湖泊湿地休养生息，实施好长江十年禁渔，健全耕地休耕轮作制度。建立生态产品价值实现机制，完善生态保护补偿制度。加强生物安全管理，防治外来物种侵害。

（4）积极稳妥推进碳达峰碳中和。实现碳达峰碳中和是一场广泛而深刻的经济社会系统性变革。立足中国能源资源禀赋，坚持先立后破，有计划分步骤实施碳达峰行动。完善能源消耗总量和强度调控，重点控制化石能源消费，逐步转向碳排放总量和强度"双控"制度。推动能源清洁低碳高效利用，推进工业、建筑、交通等领域清洁低碳转型。深入推进能源革命，加强煤炭清洁高效利用，加大油气资源勘探开发和增储上产力度，加快规划建设新型能源体系，统筹水电开发和生态保护，积极安全有序发展核电，加强能源产供储销体系建设，确保能源安全。完善碳排放统计核算制度，健全碳排放权市场交易制度。提升生态系统碳汇能力。积极参与应对气候变化全球治理。

11. 碳达峰碳中和与生态文明建设之间有何关系？

实现碳达峰碳中和是一场广泛而深刻的经济社会系统性变革，要把碳达峰碳中和纳入生态文明建设整体布局，拿出抓铁有痕的劲头，如期实现 2030 年前碳达峰、2060 年前碳中和的目标。

生态文明建设是关系中华民族永续发展的根本大计，将碳达峰碳中和纳入生态文明建设整体布局，显示了中国积极履行国际承诺、落实碳达峰碳中和目标的坚定决心。中国力争 2030 年前实现碳达峰，2060 年前实现碳中和，是党中央经过深思熟虑作出的重大战略决策，事关中华民族永续发展和构建人类命运共同体。

12. 什么是生态环境？

生态环境是"由生态关系组成的环境"的简称，是指与人类密切相关的，影响人类生活和生产活动的各种自然（包括人工干预下形成的第二自然）力量（物质和能量）或作用的总和。生态环境是影响人类生存与发展的水资源、土地资源、生物资源以及气候资源数量与质量的总称，是关系到社会和经济持续发展的复合生态系统。

13. 什么是生态环境敏感区？

生态环境敏感区是指对人类生产、生活活动具有特殊敏感性或具有潜在自然灾害影响，极易受到人为的不当开发活动影响而产生生态负面效应的地区。生态环境敏感区包括生物、生境、水资源、大气、土壤、地质、地貌以及环境污染等属于生态范畴的所有内容。

生态敏感区的类型包括：河流水系、滨水地区、山地丘陵、海滩、特殊或稀有植物群落、野生动物栖息地以及沼泽、海岸湿地等重要生态系统。

14. 什么是生态系统？什么是生态系统服务？

生态系统（Ecosystem）是由生物、非生物环境、生物之间、生物与环境之间相互作用组成的功能单位。一个给定的生态系统的组成部分以及其空间界限取决于定义生态系统的目的：在某些情况下，它们比较集中，而在另外一些情况下比较分散。生态系统的边界可随时间而发生变化。生态系统嵌套在其他生态系统内，而且其范围可以从很小一块扩展到整个生态圈。当前，大多数生态系统包含作为生物主体的人，或者其环境中受人类活动的影响。

生态系统服务（Ecosystem Services）是指生态过程或功能对个人或整个社会具有货币价值或非货币价值，分为：（1）支撑性服务，例如生产力和生物多样性的维持；（2）供给性服务，例如粮食或纤维；（3）调节性服务，例如气候调节或碳封存；（4）文化性服务，例如旅游或精神生活、美学体验。

15. "十四五"规划和 2035 年远景目标中有哪些生态系统保护和修复工程？

（1）青藏高原生态屏障区。以三江源、祁连山、若尔盖—甘南黄河重要水源补给区等为重点，加强原生地带性植被、珍稀物种及其栖息地保护，新增沙化土地治理 100 万公顷、退化草原治理 320 万公顷、沙化土地封禁保护 20 万公顷。

（2）黄河重点生态区（含黄土高原生态屏障）。以黄土高原、秦岭、贺兰山等为重点，加强"三化"草场治理和水土流失综合治理，保护修复黄河三角洲等湿地，保护修复林草植被 80 万公顷，新增水土流失治理 200 万公顷、沙化土地治理 80 万公顷。

（3）长江重点生态区（含川滇生态屏障）。以横断山区、岩溶石漠化区、三峡库区、洞庭湖、鄱阳湖等为重点，开展森林质量精准提升、河湖湿地修复、石漠化综合治理等，加强珍稀濒危野生动植物保护恢复，完成营造林 110 万公顷，新增水土流失治理 500 万公顷、石漠化治理 100 万公顷。

（4）东北森林带。以大小兴安岭、长白山及三江平原、松嫩平原重要湿地等为重点，实施天然林保护修复，保护重点沼泽湿地和珍稀候鸟迁徙地，培育天然林后备资源 70 万公顷，新增退化草原治理 30 万公顷。

（5）北方防沙带。以内蒙古高原、河西走廊、塔里木河流域、京津冀地区等为重点，推进防护林体系建设及退化林修复、退化草原修复、京津风沙源治理等，完成营造林 220 万公顷，新增沙化土地治理 750 万公顷、退化草原治理 270 万公顷。

（6）南方丘陵山地带。以南岭山地、武夷山区、湘桂岩溶石漠化区等为重点，实施森林质量精准提升行动，推进水土流失和石漠化综合治理，加强河湖生态保护修复，保护濒危物种及其栖息地，营造防护林 9 万公顷、新增石漠化治理 30 万公顷。

（7）海岸带。以黄渤海、长三角、粤闽浙沿海、粤港澳大湾区、海南岛、北部湾等为重点，全面保护自然岸线，整治修复岸线长度 400 公里、滨海湿地 2 万公顷，营造防护林 11 万公顷。

（8）自然保护地及野生动植物保护。推进三江源、东北虎豹、大熊猫和海南热带雨林等国家公园建设，新整合设立秦岭、黄河口等国家公园。建设珍稀濒危野生动植物基因保存库、救护繁育场所，专项拯救 48 种极度濒危野生动物和 50 种极小种群植物。

16. 中国是如何开展碳汇能力巩固提升行动的？

坚持系统观念，推进山水林田湖草沙一体化保护和修复，提高生态系统质量和稳定性，提升生态系统碳汇增量。

（1）巩固生态系统固碳作用。结合国土空间规划编制和实施，构建有利于碳达峰碳中和的国土空间开发保护格局。严守生态保护红线，严控生态空间占用，建立以国家公园为主体的自然保护地体系，稳定现有森林、草原、湿地、海洋、土壤、冻土、岩溶等固碳作用。严格执行土地使用标准，加强节约集约用地评价，推广节地技术和节地模式。

（2）提升生态系统碳汇能力。实施生态保护修复重大工程。深入推进大规模国土绿化行动，巩固退耕还林还草成果，扩大林草资源总量。强化森林资源保护，实施森林质量精准提升工程，提高森林质量和稳定性。加强草原生态保护修复，提高草原综合植被盖度。加强河湖、湿地保护修复。整体推进海洋生态系统保护和修复，提升红树林、海草床、盐沼等固碳能力。加强退化土地修复治理，开展荒漠化、石漠化、水土流失综合治理，实施历史遗留矿山生态修复工程。到 2030 年，全国森林覆盖率达到 25% 左右，森林蓄积量达到 190 亿立方米。

（3）加强生态系统碳汇基础支撑。依托和拓展自然资源调查监测体系，利用好国家林草生态综合监测评价成果，建立生态系统碳汇监测核算体系，开展森林、草原、湿地、海洋、土壤、冻土、岩溶等碳汇本底调查、碳储量评估、潜力分析，实施生态保护修复碳汇成效监测评估。加强陆地和海洋生态系统碳汇基础理论、基础方法、前沿颠覆性技术研究。建立健全能够体现碳汇价值的生态保护补偿机制，研究制定碳汇项目参与全国碳排放权交易相关规则。

（4）推进农业农村减排固碳。大力发展绿色低碳循环农业，推进农光互补、"光伏＋设施农业""海上风电＋海洋牧场"等低碳农业模式。研发应用增汇型农业技术。开展耕地质量提升行动，实施国家黑土地保护工程，提升土壤有机碳储量。合理控制化肥、农药、地膜使用量，实施化肥农药减量替代计划，加强农作物秸秆综合利用和畜禽粪污资源化利用。

17. 如何完善生态安全屏障体系？

强化国土空间规划和用途管控，划定落实生态保护红线、永久基本农田、城镇开发边界以及各类海域保护线。以国家重点生态功能区、生态保护红线、国家级自然保护地等为重点，实施重要生态系统保护和修复重大工程，加快推进青藏高原生态屏障区、黄河重点生态区、长江重点生态区和东北森林带、北方防沙带、南方丘陵山地带、海岸带等生态屏障建设。加强长江、黄河等大江大河和重要湖泊湿地生态保护治理，加强重要生态廊道建设和保护。全面加强天然林和湿地保护，湿地保护率提高到 55%。科学推进水土流失和荒漠化、石漠化综合治理，开展大规模国土绿化行动，推行林长制。科学开展人工影响天气活动。推行草原森林河流湖泊休养生息，健全耕地休耕轮作制度，巩固退耕还林还草、退田还湖还湿、退围还滩还海成果。

18. 什么是气候系统？

气候系统（Climate System）是由五个主要部分（大气圈、水圈、冰雪圈、陆面圈、生物圈）以及它们之间的相互作用组成的高度复杂的系统。气候系统随时间演变的过程受到自身内部动力的影响，还因为受到外部强迫的影响，诸如火山喷发、太阳活动变化和人为强迫，如不断变化的大气成分和土地利用变化等。

19. 什么是气候变化？什么是气候变化的不利影响？

气候变化是指除在类似时期内所观测的气候的自然变异之外，由于直接或间接的人类活动改变了地球大气的组成而造成的气候变化。

气候变化的不利影响是指气候变化所造成的自然环境或生物区系的变化，这些变化对自然的和管理下的生态系统的组成、复原力或生产力、或对社会经济系统的运作、或对人类的健康和福利产生重大的有害影响。

20. 气候变化观测事实有哪些？

1950 年以来，气候系统观测到的许多变化是过去几十年甚至千年以来史无前例的，1880—2012 年，全球海陆表面平均温度呈线性上升趋势，升高了 0.85℃；2003—2012 年平均温度比 1850—1900 年平均温度上升了 0.78℃。科学家认为，1983—2012 年的这 30 年比之前几十年都要热，每 10 年的地表温度均高于 1850 年以来的任何时期，因此，虽然没有更早期的历史详细记录，过去 30 年极有可能是近 800 年到 1400 年间最热的 30 年。

自前工业时代（1850—1900 年）以来，二氧化碳浓度已经增加了 40%，主要来自于化石燃料的排放量，其次则来自土地的开发利用。科学家提醒，如果没有积极有效的温室气体排放政策，到 21 世纪末，全球气温将比前工业时代至少上升 1.5℃。报告估算了不同情形下全球地表平均温度的上升幅度，据预计，应对气候变化较为脆弱的南亚地区将成为气温上升最快的区域。2046—2065 年，最高升温部分将分布在尼泊尔、不丹、印度北部、巴基斯坦以及中国南部的地区，升温幅度为 2 ~ 3℃，而 2081—2100 年，这些地区的预计温度会上升 3 ~ 5℃。随着气候持续变暖，高温热浪将变得更加频繁，而且持续时间更长。

自 1950 年以来，地球海平面的上升速度高于过去两千年。1901—2010 年，全球平均海平面上升了 19 厘米，而过去 10 年间，冰川融化的速度也比 20 世纪 90 年代加快了数倍。冰川减少、海平面上升，这些看似与普通人没有关系，但它带来的是极端天气的增加。据报告统计，从 20 世纪 50 年代开始，地球上的极端天气就已开始增多，包括强降雨、热浪、洪水、干旱等，正不断给人类带来灾害。据预测，在全球范围内，未来强降雨的强度和密度都将会上涨，而部分地区也会经历更加严重和频繁的旱灾，4 级到 5 级的热带风暴的频率也会增加。

21. 全球气候变化趋势是什么？

气候变化正改变着地球，未来几十年，世界将不可避免地遭遇灾难性影响。由于人类活动过度依赖化石燃料，目前全球平均气温已经比工业化前水平高出 1.09℃。如今，全球一半的人口至少在一年中的部分时间内面临水资源短缺。粮食系统面对的风险非常大：如果升温达到 1.5℃，全球约 8% 的农田都将无法使用。如果情况变得更糟，到本世纪末，可能将有多达 900 万人死于与气候相关的疾病。

22. 中国气候变化趋势是什么？

2021 年中国地表平均气温、沿海海平面、多年冻土活动层厚度等多项气候变化指标打破观测纪录。2021 年全球平均温度较工业化前水平高出 1.09℃，是有完整气象观测记录以来的七个最暖年份之一。中国升温速率高于同期全球平均水平，是全球气候变化敏感区。1951—2021 年，中国地表年平均气温每 10 年升高 0.26℃，2021 年中国地表平均气温达 1901 年以来的最高值。1961—2021 年，中国平均年降水量呈增加趋势，降水变化区域间差异明显。中国高温、强降水等极端天气气候事件趋多、趋强。1961—2021 年，中国极端强降水事件呈增多趋势；20 世纪 90 年代后期以来，极端高温事件明显增多，登陆中国的台风平均强度波动增强。

23. 气候变化给中国带来哪些不利影响？

气候变化已对中国自然生态系统带来严重不利影响，并不断向经济社会系统蔓延渗透。洪涝干旱、冰川退缩、冻土减少、冰湖扩大，水资源安全风险明显上升；植被带分布北移，生物入侵增多，陆地生态系统稳定性下降；沿海海平面上升趋势高于全球平均水平，海洋灾害趋频趋强，海洋和海岸带生态系统受到严重威胁。农业种植方式和作物布局改变，气象灾害和病虫害加剧；与高温热浪等极端天气气候事件相关的健康风险增加，媒传疾病增多，并可能诱发多种过敏性及慢性疾病；能源、交通等基础设施和重大工程建设运营环境变化，易导致安全稳定性和可靠耐久性降低；城市生命线系统运行、人居环境质量和居民生命财产安全受到严重威胁；气候变化还引起资源利用方式、环境容量和消费需求改变，进而通过产业链影响二三产业布局和运行安全，甚至可能引发系统性金融风险和经济风险。

24. 中国如何积极应对气候变化？

落实 2030 年应对气候变化国家自主贡献目标，制定 2030 年前碳排放达峰行动方案。完善能源消费总量和强度双控制度，重点控制化石能源消费。实施以碳强度控制为主、碳排放总量控制为辅的制度，支持有条件的地方和重点行业、重点企业率先达到碳排放峰值。推动能源清洁低碳安全高效利用，深入推进工业、建筑、交通等领域低碳转型。加大甲烷、氢氟碳化物、全氟化碳等其他温室气体控制力度。提升生态系统碳汇能力。锚定努力争取 2060 年前实现碳中和，采取更加有力的政策和措施。加强全球气候变暖对中国承受力脆弱地区影响的观测和评估，提升城乡建设、农业生产、基础设施适应气候变化能力。加强青藏高原综合科学考察研究。坚持公平、共同但有区别的责任及各自能力原则，建设性参与和引领应对气候变化国际合作，推动落实联合国气候变化框架公约及其巴黎协定，积极开展气候变化南南合作。

25. 什么是气候变率?

气候变率（Climate Variability）指在个别天气事件以外的各种空间和时间尺度上的气候平均状态的变化的速度，以及其他相关统计量（如标准差、极端事件的发生率等）的变化。气候变率可能是由气候系统内部的自然过程（内部变率）所导致，也可能是由自然或人为外部强迫（外部变率）的变化所导致。

26. 什么是气候突变?

气候突变是指在几十年或更短时间内，气候系统发生使人类系统和自然系统受到很大影响的变化，这一变化至少持续（或者预期持续）几十年。气候突变也可以理解为气候从一个稳定状态到另一个稳定状态的急剧变化，表现为气候变化的不连续性。

27. 什么是极端天气事件?

极端天气事件是一种在特定地区和年内某个时间的罕见事件。"罕见"的定义有多种，但极端天气事件的罕见程度一般相当于观测资料估计的概率密度函数的 10% 或 90% 分位数。按照定义，在绝对意义上，极端天气特征因地区不同而异。当一种类型的极端天气持续一定的时间，如一个季节，它可以归类于一个极端气候事件，尤其是如果该事件产生的平均值或总量达到了极端状态（如一个季节的干旱或强降雨）。

28. 什么是气候中和?

气候中和（Climate Neutrality）是人类活动对气候系统没有净影响的状态概念。要实现这种状态需要平衡残余排放与排放（二氧化碳）移除以及考虑人类活动的区域或局地生物地球物理效应，例如人类活动可影响地表反照率或局地气候。

29. 什么是气候目标?

气候目标(Climate Target)是指旨在避免对气候系统造成危险的人为干扰而采用的温度限制、浓度水平或减排目标。例如国家气候目标可能旨在在特定时间范围内减少一定量的温室气体排放,例如《京都议定书》下的温室气体排放量。

30. 什么是碳循环?

碳循环是指碳元素在地球上的生物圈、岩石圈、水圈及大气圈中交换,并随地球的运动循环不止的现象。

地球上最大的两个碳库是岩石圈和化石燃料,含碳量约占地球上碳总量的 99.9%。这两个库中的碳活动缓慢,实际上起着储存库的作用。地球上还有三个碳库:大气圈库、水圈库和生物库。这三个库中的碳在生物和无机环境之间迅速交换,容量小而活跃,实际上起着交换库的作用。岩石中的碳因自然和人为的各种化学作用分解后进入大气和海洋,同时死亡生物体以及其他各种含碳物质又不停地以沉积物的形式返回地壳中,由此构成了全球碳循环的一部分。碳的地球生物化学循环控制了碳在地表或近地表的沉积物和大气、生物圈及海洋之间的迁移。

生物圈中的碳循环主要表现在陆地和海洋中的植物从大气中吸收二氧化碳,然后通过生物或地质过程以及人类活动,又以二氧化碳的形式返回大气中。大气中的二氧化碳大约 20 年可完全更新一次。

31. 什么是碳源和碳汇? 什么是碳储量和碳汇量?

源是指向大气中释放温室气体、浮质或温室气体前体物的过程或活动。碳源是指向大气中释放二氧化碳的过程、活动或机制。汇是指从大气中将温室气体、浮质或温室气体前体物清除出去的过程、活动或机制。碳汇是指从大气中清除二氧化碳的过程、活动或机制。

碳储量是指一个库中碳的数量。碳汇量是指一定时间内碳库碳储量的增加量。

32. 什么是碳排放? 什么是碳排放权?

碳排放是指煤炭、石油、天然气等化石能源燃烧活动和工业生产过程以及土地利用变化与林业等活动产生的温室气体排放,也包括因使用外购的电力和热力等所导致的温室气体排放。

碳排放权是指分配给重点排放单位的规定时期内的碳排放额度。

33. 什么是碳排放量？什么是碳排放强度？

碳排放量是指在生产、运输、使用及回收该产品时所产生的平均温室气体排放量。碳排放量的计量单位是二氧化碳当量。

碳排放强度是指单位国内生产总值（Gross Domestic Product，GDP）的二氧化碳排放量。该指标主要是用来衡量国民经济与碳排放量之间的关系。一般情况下，碳排放强度会随着经济增长和技术进步而逐渐下降。但是，碳排放强度受多方面影响，如产业结构、能源消费结构、能源强度等都会显著地影响碳排放强度水平。

《BP 世界能源统计年鉴 2021》（BP Statistical Review of World Energy）2021：中国的二氧化碳排放量约 105.23 亿吨，居全球首位。

34. 什么是碳排放因子？

碳排放因子（Carbon Emission Factor）是指将能源与材料消耗量与二氧化碳排放相对应的系数，用于量化建筑物不同阶段相关活动的碳排放。

35. 什么是碳排放空间？

碳排放空间是指为避免一定程度的全球地表平均温度上升，估算的满足累积排放限制的温室气体排放轨迹下的区间。该排放空间可以在全球层面、国家层面或者国家以下层面进行定义。

36. 什么是固碳？什么是碳减排？

固碳是指增加除大气之外的碳库碳含量的措施，包括物理固碳和生物固碳。物理固碳是将二氧化碳长期储存在开采过的油气井、煤层和深海里。生物固碳是将无机碳即大气中的二氧化碳转化为有机碳即碳水化合物，固定在植物体内或土壤中。生物固碳提高了生态系统的碳吸收和储存能力，减少了二氧化碳在大气中的浓度。常见的固碳方法有两种：光合作用，如各种绿色植物和光合自养微生物（如蓝藻等）；化能合成作用，如硝化细菌利用氧化胺合成有机物等。

碳减排就是减少二氧化碳等温室气体的排放量。随着全球气候变暖，二氧化碳等温室气体的排放量必须减少，从而缓解人类的气候危机。

37. 什么是中国核证自愿减排量（CCER）？

中国核证自愿减排量（Chinese Certified Emission Reduction，CCER）是指对中国

境内可再生能源、林业碳汇、甲烷利用等项目的温室气体减排效果进行量化核证，并在国家温室气体自愿减排交易注册登记系统中登记的温室气体减排量。

38. 什么是国际核证碳减排标准（VCS）？

国际核证碳减排标准（Verified Carbon Standard，VCS）是为项目级的自愿碳减排而设计的一个全球性的基线标准，为自愿性碳市场提供了一个标准化的级别，并且建立了可靠的自愿碳减排信用额度，可供自愿性碳市场的参与者进行交易。国际核证碳减排标准（VCS）为开发标准化方法学提供了一套最新完整的要求，并引领国际市场先机。

国际核证碳减排标准（VCS）备案方法学所覆盖的领域包括能源、制造过程、建筑、交通、废弃物、采矿、农业、林业、草原、湿地和畜牧业，共 49 个项目。

39. 什么是内部减排？

内部减排是排放交易的专业术语，指为了履行强制减排义务，自行减少排放。例如，通过技术进步和燃料转换完成减排义务，而不是通过购买碳配额或者减少生产规模。

40. 什么是自愿减排量？什么是核证减排量？

自愿减排量（Verified Emission Reductions，VERs）是指经过联合国指定的第三方认证机构核证的温室气体减排量，是自愿减排市场交易的碳信用额。

核证减排量（Certified Emission Reduction，CER）是指从一个被批准的清洁发展机制（Clean Development Mechanism，CDM）项目中得到的，经过对一吨碳的收集、测量、认证（由一个通过《京都议定书》批准的第三方机构进行）所得到的减排指标。

41. 什么是净零排放？什么是二氧化碳净零排放？

规定时期内人为移除、抵消排入大气的温室气体人为排量就是净零排放。如果涉及多种温室气体，则净零排放的量化取决于选定用于比较不同气体排放量的气候指标（例如全球变暖潜势、全球温度变化潜势等以及选择的时间范围）。

二氧化碳净零排放（Net Zero CO_2 Emissions）是指在规定时期内人为二氧化碳移除在全球范围抵消人为二氧化碳排放时，可实现二氧化碳净零排放。

42. 什么是全球变暖？什么是温室效应？

全球变暖是一种和自然有关的现象，由于温室效应不断积累，导致地气系统吸收与发射的能量不平衡，能量不断在地气系统累积，从而导致温度上升，造成全球气候变暖。

温室效应是指透射阳光的密闭空间由于与外界缺乏热对流而形成的保温效应，就是太阳短波辐射可以透过大气射入地面，而地面增暖后放出的长波辐射却被大气中的二氧化碳、水汽等物质所吸收，从而产生大气变暖的效应。

43. 什么是温室气体？

温室气体（Greenhouse Gas，GHG）是指大气层中吸收和重新放出红外辐射的自然和人为的气态成分，包括二氧化碳（CO_2）、甲烷（CH_4）、氧化亚氮（N_2O）、氢氟碳化物（HFCs）、全氟碳化物（PFCs）、六氟化硫（SF_6）和三氟化氮（NF_3）。

44. 什么是二氧化碳？二氧化碳与碳的区别是什么？

二氧化碳是一种碳氧化合物，化学式为 CO_2。常温常压下是一种无色无味或无色无臭而其水溶液略有酸味的气体，是一种常见的温室气体，也是空气的组分之一（占大气总体积的 0.03%–0.04%）。

碳是生物体（动物、植物的组成物质）和矿物燃料（天然气、石油和煤）的主要组成部分。1 吨碳在氧气中完全燃烧后能产生大约 3.67（=44/12）吨二氧化碳。二氧化碳量和碳排放量之间是可以转换的，即减排 1 吨碳就相当于减排 3.67 吨二氧化碳。

45. 什么是甲烷、一氧化二氮和六氟化硫？

甲烷是一种无色无味的气体，其沸点和熔点分别为 −161.5℃ 和 −182.5℃，是天然气、生物气和沼气的主要成分。甲烷极难溶于水，在 17℃ 条件下，每升水仅能溶解 35mg 甲烷。甲烷是正四面体形非极性分子，其四个键的键长相同，键角相等。甲烷的键长为 1.09A，键能为 413kJ/mol。

一氧化二氮又称氧化亚氮、笑气，是一种危险化学品，无色，有甜味。一氧化二氮的沸点和熔点分别为 −88℃ 和 −91℃，在一定条件下能支持燃烧，但在室温下稳定，有轻微麻醉作用。

六氟化硫是一种无机化合物，常温常压下为无色、无臭、无毒、不燃的稳定气体，分子量为 146.055，在 20℃ 和 0.1MPa 时密度为 $6.0886kg/m^3$，约为空气密度的 5 倍。六氟化硫的分子结构呈八面体排布，键合距离小、键合能高，因此稳定性很高。

46. 什么是碳氟化合物？

碳氟化合物是指含有氟原子的卤烃，包括氯氟烃（CFCs）、氢氯氟烃（HCFCs）、氢氟烃（HFCs）和全氟碳（PFCs）。

氯氟烃（CFCs）：是一类只含有氯、氟和碳的有机物。用作制冷剂、压缩喷雾喷射剂、发泡剂。因消耗大气层中的臭氧而引起世界各国的重视。

氢氯氟烃（HCFCs）：只含有氢、氯、氟和碳原子的卤烃。由于氢氯氟烃含氯，因而会损耗臭氧层。它们也是温室气体。

氢氟烃（HFCs）：只含氢、氟和碳原子的卤烃。由于氢氟烃不含氯、溴或碘，因而不损耗臭氧层。与其他卤烃一样，它们也是温室气体。

全氟碳（PFCs）：只含有碳原子和氟原子的合成卤烃。其特征是极其稳定、不可燃烧、毒性较低、臭氧损耗潜势为零和全球增温潜势高。

47. 什么是温室气体活动数据？

温室气体活动数据（Greenhouse Gas Activity Data）是指产生温室气体排放活动的定量数据，包括能源、燃料或电力的消耗量，物质的产生量，提供服务的数量，或受影响的土地面积，等等。

48. 什么是二氧化碳当量？

二氧化碳当量（CO_2 Equivalent，CO_2e）指在辐射强度上与某种温室气体质量相当的二氧化碳的量，是一种用作比较不同温室气体排放量的量度单位。不同温室气体对地球温室效应增强的贡献度不同，为了统一度量整体的温室效应增强程度，联合国政府间气候变化专门委员会采用了人类活动最常产生的温室气体——二氧化碳的当量作为度量温室效应增强程度的基本单位。二氧化碳当量等于给定温室气体的质量乘以它的全球变暖潜能值。

49. 什么是全球增温潜势？

全球增温潜势（Global Warming Potential，GWP）又称全球变暖潜势，是指将单位质量的某种温室气体在给定时间段内辐射强度的影响与等量二氧化碳辐射强度影响相关联的系数。

50. 温室气体的来源有哪些？

温室气体的来源分为自然源和人为源。自然源是由于自然原因而形成的排放，包括海洋、土壤、湿地、火山喷发、森林火灾等。人为源主要来自人类生活及生产活动。

依据世界资源研究所 2020 年 2 月发布的数据，全球范围内，与人类活动相关的温室气体排放源主要包括能源消耗、农业生产、土地利用和林业、工业过程以及废弃物排放等。煤炭、石油、天然气等化石燃料燃烧产生的排放，占总人为排放的72.9%，涉及电力和热力、交通运输、工业制造和建筑建造等，无论哪一方面都与日常的生产生活息息相关。自然源是温室气体的主要源，但人为源是导致气候变化的主要原因。

51. 什么是温室气体排放报告？

温室气体排放报告是指重点排放单位（全国碳排放权交易市场覆盖行业内年度温室气体排放量达到 2.6 万吨二氧化碳当量及以上的企业或者其他经济组织）。

根据生态环境部制定的温室气体排放核算方法与报告指南及相关技术规范编制的载明重点排放单位温室气体排放量、排放设施、排放源、核算边界、核算方法、活动数据、排放因子等信息，并附有原始记录和台账等内容的报告。

52. 什么是温室气体排放清单？

温室气体排放清单是以政府、企业、地区等为单位计算其在社会和生产活动中各环节直接或者间接排放的温室气体。通过编制温室气体排放清单可以达到以下目的：

（1）有利于对温室气体排放进行全面掌握与管理。

（2）提高社会形象。

（3）对于确认减排机会及应对气候变化决策起重要参考作用。

（4）发掘潜在的节能减排项目及清洁发展机制（CDM）项目。

（5）积极应对国家政策及履行社会责任。

（6）为参与国内自愿减排交易做准备。

53. 国家温室气体清单指南是何时推出的？

为指导各国温室气体清单编制工作，联合国政府间气候变化专门委员会（Inter-governmental Panel on Climate Change，IPCC）编制了国家温室气体清单指南。

第一版国家温室气体清单指南于 1996 年发表，后于 2006 年、2019 年两次更新修订。2024 年前，发展中国家缔约方均依据 1996 年版指南编制温室气体清单，但在2024 年后，则需依据 2006 年版指南开展清单编制工作。

54. 国家温室气体清单指南中规定的统计范围包括什么？

国家温室气体清单指南将能源活动，工业过程和产品使用，农业、林业和其他土地利用，废弃物其他（如，源于非农业排放源的氮沉积的间接排放）五大领域温室气体排放纳入清单统计范围，明确了二氧化碳、甲烷、氧化亚氮、氢氟碳化物、全氟化碳、六氟化硫、三氟化氮 7 种温室气体的核算方法。

55. 国家温室气体清单如何提交？

根据《联合国气候变化框架公约》和缔约方大会相关规定，所有缔约方均要定时提交气候变化国家信息通报和两年更新报告。作为发展中国家，中国应每 4 年提交一次气候变化国家信息通报，每 2 年提交一次两年更新报告，两种报告中均包含国家温室气体清单。

56. 中国提交了几次国家温室气体清单？

中国分别于 2004 年、2012 年和 2017 年提交《中华人民共和国气候变化初始国家信息通报》《中华人民共和国气候变化第二次国家信息通报》和《中华人民共和国气候变化第三次国家信息通报》，详细分析了中国 1994 年、2005 年和 2010 年温室气体排放情况；2017 年和 2019 年分别提交了《中华人民共和国气候变化第一次两年更新报告》《中华人民共和国气候变化第二次两年更新报告》，分别披露了 2012 年和 2014 年国家温室气体排放信息。

57. 什么是碳预算？什么是总碳预算？什么是剩余碳预算？

碳预算是在考虑到其他人为因素影响的情况下，能够将全球变暖限制在给定概率的给定水平的全球人为二氧化碳累积净排放量的最大数额。

总碳预算是指从前工业化时期（1850—1900 年）开始到全球升温达到特定水平所能产生的二氧化碳排放总量。

剩余碳预算是指在将升温控制在特定温度水平以下的情况下，仍能排放的二氧化碳总量。

58. 什么是环境影响评价？

环境影响评价广义上是指对拟议中的人为活动（包括建设项目、资源开发、区域开发、政策、立法、法规等）可能造成的环境影响，包括环境污染和生态破坏，也包括对环境的有利影响进行分析、论证的全过程，并在此基础上提出相应的防治措施和对策。

狭义上是指对拟议中的建设项目在兴建前，即可行性研究阶段，对其选址、设计、施工等过程，特别是运营和生产阶段可能带来的环境影响进行预测和分析，提出相应的防治措施，为项目选址、设计及建成投产后的环境管理提供科学依据。

59. 什么是生命周期评价？

生命周期评价是对一个产品系统的生命周期中输入、输出及其潜在环境影响的汇编和评价，具体包括：目的与范围的确定、清单分析、影响评价和结果解释四个步骤。生命周期评价是一种用于评估产品在其整个生命周期中，即从原材料的获取、产品的生产直至产品使用后的处置，对环境影响的技术和方法。

60. 什么是绿色贸易壁垒？

绿色贸易壁垒是指在国际贸易活动中，进口国以保护自然资源、生态环境和人类健康为由而制定的一系列限制进口的措施。

61. 什么是碳泄漏？

碳泄漏（Carbon Leakage）是指一个国家采用较严格的气候政策而减少排放量，导致另一个国家的温室气体排放量增加的情况。碳泄漏是外溢效应的一种。外溢效应可能是正面的，也可能是负面的。

62. 什么是"气候门"事件？

"气候门"是指 2009 年 11 月，多位世界顶级气候学家的邮件和文件被黑客公开的事件。2009 年 11 月，一名电脑黑客窃取英国东英吉利大学（University of East Anglia）的电子邮件服务器，窃取英国气候学家之间交流的上千封电子邮件内容，也由此窥探到过去十几年里气象专家们之间私下的思想交流。黑客把电子邮件公之于众，并声称从邮件中可以看出，这些气象专家的研究并不严肃，他们甚至篡改对自己研究不利的数据，以证明人类活动对气候变化起到巨大作用。换句话说，人类活动影响气候这一说法，也许是谎言和欺骗。这让反对"人类影响气候"说法的人感到非常兴奋。这一事件也在整个世界引起讨论和争论，并被媒体称为"气候门"（Climate Gate）。此事件距离联合国哥本哈根气候峰会（2009 年 12 月 7 日）时间很近，有人甚至猜测，"气候门"是否会对这次峰会产生实质性的影响。英国独立调查人员前后用了 6 个月的时间彻底调查外泄的电子邮件后证实，科学家是清白的，这些邮件并没有显示他们扭曲数据。

63. 什么是"冰川门"事件？

2007 年，联合国政府间气候变化专门委员会（IPCC）公布了"全球气候变化第四次综合报告"，在这个报告的"第二工作组报告：影响、适应和脆弱性"题下第 10 章第 6 节中写了这样一段话："面积为 300 万公顷（即 33050 平方千米）的喜马拉雅冰川是两极之外最大的冰雪覆盖地区，其消融为全球（冰川中）最快；以目前全球变暖的速度，喜马拉雅冰川在 2035 年或之前消失的可能性非常大，它的总面积将从目前的 50 万平方千米缩减到 2035 年的 10 万平方千米。"而喜马拉雅冰川实际面积只有 3.3 万平方公里，根本不可能从"50 万平方千米缩减到 10 万平方千米"。

大量针对"冰川门"的批评文章把矛头集中在以下几方面：

（1）基础数据出现常识性错误。例如报告前面称喜马拉雅冰川面积为"300 万公顷"，但紧接着报告的后一句却说"它的总面积将从 50 万平方千米缩减到 10 万平方千米"，明显自相矛盾。

（2）引用材料的可靠性受怀疑。气候变化专门委员会报告列举的"喜马拉雅冰川缩小"结论，引自"世界野生动物保护基金会"2005 年的一个报告，而后者指明的来源是英国《新科学家》杂志 1999 年的一篇文章。这本杂志的记者皮尔斯电话采访了印度尼赫鲁大学的哈斯纳恩教授，就是此人当时提出了"喜马拉雅冰川将在 2035 年消失"的说法。据英媒文章称，这个"始作俑者"哈斯纳恩后来承认，所谓"2035 年消失"只是个人推断，并无相关研究作为支撑。

（3）其他问题。例如第四综合报告称喜马拉雅地区的宾达里冰川消融速度为 135.2 米 / 年，但实际观测到的数据仅为 23.47 米 / 年。批评者还认为，综合报告提出的"飓风、洪灾、热浪等极端灾害天气与全球变暖有关""气候变化可能导致伤寒等流行性疾病大暴发"等论断没有科学根据；报告称"微小的气温升高就会导致 40% 的亚马逊热带雨林锐减"所依据的是未经发表的科研论文，科学根据不足，且两位作者并非亚马逊气候问题专家。

第二部分　政策篇

C

第二部分　基础理论

64. 碳达峰碳中和的指导思想是什么？

以习近平新时代中国特色社会主义思想为指导，全面贯彻党的十九大和十九届二中、三中、四中、五中全会精神，深入贯彻习近平生态文明思想，立足新发展阶段，贯彻新发展理念，构建新发展格局，坚持系统观念，处理好发展和减排、整体和局部、短期和中长期的关系，把碳达峰碳中和纳入经济社会发展全局，以经济社会发展全面绿色转型为引领，以能源绿色低碳发展为关键，加快形成节约资源和保护环境的产业结构、生产方式、生活方式、空间格局，坚定不移走生态优先、绿色低碳的高质量发展道路，确保如期实现碳达峰碳中和。

65. 碳达峰碳中和的工作原则是什么？

实现碳达峰碳中和目标，要坚持"全国统筹、节约优先、双轮驱动、内外畅通、防范风险"原则。

（1）全国统筹。全国一盘棋，强化顶层设计，发挥制度优势，实行党政同责，压实各方责任。根据各地实际分类施策，鼓励主动作为、率先达峰。

（2）节约优先。把节约能源资源放在首位，实行全面节约战略，持续降低单位产出能源资源消耗和碳排放，提高投入产出效率，倡导简约适度、绿色低碳生活方式，从源头和入口形成有效的碳排放控制阀门。

（3）双轮驱动。政府和市场两手发力，构建新型举国体制，强化科技和制度创新，加快绿色低碳科技革命。深化能源和相关领域改革，发挥市场机制作用，形成有效激励约束机制。

（4）内外畅通。立足国情实际，统筹国内国际能源资源，推广先进绿色低碳技术和经验。统筹做好应对气候变化对外斗争与合作，不断增强国际影响力和话语权，坚决维护我国发展权益。

（5）防范风险。处理好减污降碳和能源安全、产业链供应链安全、粮食安全、群众正常生活的关系，有效应对绿色低碳转型可能伴随的经济、金融、社会风险，防止过度反应，确保安全降碳。

66. 碳达峰碳中和的工作目标是什么？

到 2025 年，绿色低碳循环发展的经济体系初步形成，重点行业能源利用效率大幅提升。单位国内生产总值能耗比 2020 年下降 13.5%；单位国内生产总值二氧化碳排放比 2020 年下降 18%；非化石能源消费比重达到 20% 左右；森林覆盖率达到 24.1%，森林蓄积量达到 180 亿立方米，为实现碳达峰碳中和奠定坚实基础。

到 2030 年，经济社会发展全面绿色转型取得显著成效，重点耗能行业能源利用效率达到国际先进水平。单位国内生产总值能耗大幅下降；单位国内生产总值二氧化碳排放比 2005 年下降 65% 以上；非化石能源消费比重达到 25% 左右，风电、太阳能发电总装机容量达到 12 亿千瓦以上；森林覆盖率达到 25% 左右，森林蓄积量达到 190 亿立方米，二氧化碳排放量达到峰值并实现稳中有降。

到 2060 年，绿色低碳循环发展的经济体系和清洁低碳安全高效的能源体系全面建立，能源利用效率达到国际先进水平，非化石能源消费比重达到 80% 以上，碳中和目标顺利实现，生态文明建设取得丰硕成果，开创人与自然和谐共生新境界。

67. 碳达峰碳中和的重点任务是什么？

2021 年 10 月 24 日，中共中央、国务院印发的《关于完整准确全面贯彻新发展理念做好碳达峰碳中和工作的意见》对碳达峰碳中和工作进行系统谋划和总体部署，提出了推进经济社会发展全面绿色转型、深度调整产业结构、加快构建清洁低碳安全高效能源体系、加快推进低碳交通运输体系建设、提升城乡建设绿色低碳发展质量、加强绿色低碳重大科技攻关和推广应用、持续巩固提升碳汇能力、提高对外开放绿色低碳发展水平、健全法律法规标准和统计监测体系和完善政策机制共 10 个方面 31 项重点任务（见表 1）。

表 1 碳达峰碳中和 10 个方面 31 项重点任务

10 个方面	重点任务
推进经济社会发展全面绿色转型	强化绿色低碳发展规划引领
	优化绿色低碳发展区域布局
	加快形成绿色生产生活方式
深度调整产业结构	推动产业结构优化升级
	坚决遏制高耗能高排放项目盲目发展
	大力发展绿色低碳产业

10 个方面	重点任务
加快构建清洁低碳安全高效能源体系	强化能源消费强度和总量双控
	大幅提升能源利用效率
	严格控制化石能源消费
	积极发展非化石能源
	深化能源体制机制改革
加快推进低碳交通运输体系建设	优化交通运输结构
	推广节能低碳型交通工具
	积极引导低碳出行
提升城乡建设绿色低碳发展质量	推进城乡建设和管理模式低碳转型
	大力发展节能低碳建筑
	加快优化建筑用能结构
加强绿色低碳重大科技攻关和推广应用	强化基础研究和前沿技术布局
	加快先进适用技术研发和推广
持续巩固提升碳汇能力	巩固生态系统碳汇能力
	提升生态系统碳汇增量
提高对外开放绿色低碳发展水平	加快建立绿色贸易体系
	推进绿色"一带一路"建设
	加强国际交流与合作
健全法律法规标准和统计监测体系	健全法律法规
	完善标准计量体系
	提升统计监测能力
完善政策机制	完善投资政策
	积极发展绿色金融
	完善财税价格政策
	推进市场化机制建设

资料来源：《关于完整准确全面贯彻新发展理念做好碳达峰碳中和工作的意见》（中发〔2021〕36号）。

68. 中国提出的"碳达峰十大行动"是什么？

2021年10月24日，国务院印发的《2030年前碳达峰行动方案》部署了能源绿色低碳转型行动、节能降碳增效行动、工业领域碳达峰行动、城乡建设碳达峰行动、交通运输绿色低碳行动、循环经济助力降碳行动、绿色低碳科技创新行动、碳汇能力巩固提升行动、绿色低碳全民行动、各地区梯次有序碳达峰行动在内的"碳达峰十大行动"。具体内容见表2。

表 2　碳达峰十大行动

十大行动	具体内容
能源绿色低碳转型行动	推进煤炭消费替代和转型升级
	大力发展新能源
	因地制宜开发水电
	积极安全有序发展核电
	合理调控油气消费
	加快建设新型电力系统
节能降碳增效行动	全面提升节能管理能力
	实施节能降碳重点工程
	推进重点用能设备节能增效
	加强新型基础设施节能降碳
工业领域碳达峰行动	推动工业领域绿色低碳发展
	推动钢铁行业碳达峰
	推动有色金属行业碳达峰
	推动建材行业碳达峰
	推动石化化工行业碳达峰
	坚决遏制"两高"项目盲目发展
城乡建设碳达峰行动	推进城乡建设绿色低碳转型
	加快提升建筑能效水平
	加快优化建筑用能结构
	推进农村建设和用能低碳转型
交通运输绿色低碳行动	推动运输工具装备低碳转型
	构建绿色高效交通运输体系
	加快绿色交通基础设施建设
循环经济助力降碳行动	推进产业园区循环化发展
	加强大宗固废综合利用
	健全资源循环利用体系
	大力推进生活垃圾减量化资源化
绿色低碳科技创新行动	完善创新体制机制
	加强创新能力建设和人才培养
	强化应用基础研究
	加快先进适用技术研发和推广应用
碳汇能力巩固提升行动	巩固生态系统固碳作用
	提升生态系统碳汇能力
	加强生态系统碳汇基础支撑
	推进农业农村减排固碳

十大行动	具体内容
绿色低碳全民行动	加强生态文明宣传教育
	推广绿色低碳生活方式
	引导企业履行社会责任
	强化领导干部培训
各地区梯次有序碳达峰行动	科学合理确定有序达峰目标
	因地制宜推进绿色低碳发展
	上下联动制定地方达峰方案
	组织开展碳达峰试点建设

资料来源：《2030年前碳达峰行动方案》（国发〔2021〕23号）。

69. 如何严格监督考核碳达峰碳中和工作？

实施以碳强度控制为主、碳排放总量控制为辅的制度，对能源消费和碳排放指标实行协同管理、协同分解、协同考核，逐步建立系统完善的碳达峰碳中和综合评价考核制度。加强监督考核结果应用，对碳达峰工作成效突出的地区、单位和个人按规定给予表彰奖励，对未完成目标任务的地区、部门依规依法实行通报批评和约谈问责。各省、自治区、直辖市人民政府要组织开展碳达峰目标任务年度评估，有关工作进展和重大问题要及时向碳达峰碳中和工作领导小组报告。

70. "十四五"是碳达峰的关键期、窗口期，要重点做好哪几项工作？

（1）要构建清洁低碳安全高效的能源体系，控制化石能源总量，着力提高利用效能，实施可再生能源替代行动，深化电力体制改革，构建以新能源为主体的新型电力系统。

（2）要实施重点行业领域减污降碳行动，工业领域要推进绿色制造，建筑领域要提升节能标准，交通领域要加快形成绿色低碳运输方式。

（3）要推动绿色低碳技术实现重大突破，抓紧部署低碳前沿技术研究，加快推广应用减污降碳技术，建立完善绿色低碳技术评估、交易体系和科技创新服务平台。

（4）要完善绿色低碳政策和市场体系，完善能源"双控"制度，完善有利于绿色低碳发展的财税、价格、金融、土地、政府采购等政策，加快推进碳排放权交易，积极发展绿色金融。

（5）要倡导绿色低碳生活，反对奢侈浪费，鼓励绿色出行，营造绿色低碳生活新时尚。

（6）要提升生态碳汇能力，强化国土空间规划和用途管控，有效发挥森林、草原、湿地、海洋、土壤、冻土的固碳作用，提升生态系统碳汇增量。

（7）要加强应对气候变化国际合作，推进国际规则标准制定，建设绿色丝绸之路。

71. 为实现 2030 碳达峰，中国在"十四五"和"十五五"期间要完成哪些目标？

"十四五"期间，产业结构和能源结构调整优化取得明显进展，重点行业能源利用效率大幅提升，煤炭消费增长得到严格控制，新型电力系统加快构建，绿色低碳技术研发和推广应用取得新进展，绿色生产生活方式得到普遍推行，有利于绿色低碳循环发展的政策体系进一步完善。到 2025 年，非化石能源消费占比达到 20% 左右，单位国内生产总值能源消耗比 2020 年下降 13.5%，单位国内生产总值二氧化碳排放比 2020 年下降 18%，为实现碳达峰奠定坚实基础。

"十五五"期间，产业结构调整取得重大进展，清洁低碳安全高效的能源体系初步建立，重点领域低碳发展模式基本形成，重点耗能行业能源利用效率达到国际先进水平，非化石能源消费比重进一步提高，煤炭消费逐步减少，绿色低碳技术取得关键突破，绿色生活方式成为公众自觉选择，绿色低碳循环发展政策体系基本健全。到 2030 年，非化石能源消费占比达到 25% 左右，单位国内生产总值二氧化碳排放比 2005 年下降 65% 以上，顺利实现 2030 年前碳达峰目标。

72. 为了实现碳达峰目标，在健全法律法规标准方面需要做哪些工作？

构建有利于绿色低碳发展的法律体系，推动能源法、节约能源法、电力法、煤炭法、可再生能源法、循环经济促进法、清洁生产促进法等制定修订。加快节能标准更新，修订一批能耗限额、产品设备能效强制性国家标准和工程建设标准，提高节能降碳要求。健全可再生能源标准体系，加快相关领域标准制定修订。建立健全氢制、储、输、用标准。完善工业绿色低碳标准体系。建立重点企业碳排放核算、报告、核查等标准，探索建立重点产品全生命周期碳足迹标准。积极参与国际能效、低碳等标准制定修订，加强国际标准协调。

73. 碳达峰碳中和"1+N"政策体系具体指什么？

2021 年 10 月 24 日，中共中央、国务院印发的《关于完整准确全面贯彻新发展理念做好碳达峰碳中和工作的意见》作为"1"，在碳达峰碳中和"1+N"政策体系中发挥统领作用。

"N"是指以国务院印发的《2030年前碳达峰行动方案》为首的政策文件,包括能源、工业、交通运输、城乡建设等分领域分行业碳达峰实施方案,以及科技支撑、能源保障、碳汇能力、财政金融价格政策、标准计量体系、督察考核等保障方案。一系列文件将构建起目标明确、分工合理、措施有力、衔接有序的碳达峰碳中和政策体系。

74. 如何推动建立统一规范的碳排放统计核算体系?

加强碳排放统计核算能力建设,深化核算方法研究,加快建立统一规范的碳排放统计核算体系。支持行业、企业依据自身特点开展碳排放核算方法学研究,建立健全碳排放计量体系。推进碳排放实测技术发展,加快遥感测量、大数据、云计算等新兴技术在碳排放实测技术领域的应用,提高统计核算水平。积极参与国际碳排放核算方法研究,推动建立更为公平合理的碳排放核算方法体系。

75. 中国六部门印发的降耗减碳首要行动计划是什么?

2022年6月23日,工业和信息化部、国家发展改革委、财政部、生态环境部、国务院国资委、市场监管总局联合印发《工业能效提升行动计划》提出到2025年,重点工业行业能效全面提升,数据中心等重点领域能效明显提升,绿色低碳能源利用比例显著提高,节能提效工艺技术装备广泛应用,标准、服务和监管体系逐步完善,钢铁、石化化工、有色金属、建材等行业重点产品能效达到国际先进水平,规模以上工业单位增加值能耗比2020年下降13.5%。能尽其用、效率至上成为市场主体和公众的共同理念和普遍要求,节能提效进一步成为绿色低碳的"第一能源"和降耗减碳的首要举措。

76. 中国首个出台碳达峰碳中和实施意见的省份是哪个?

2022年1月5日,河北省委、省政府出台《关于完整准确全面贯彻新发展理念认真做好碳达峰碳中和工作的实施意见》,是中国首个出台碳达峰碳中和实施意见的省份。

77. 中国出台的首个省级碳达峰碳中和科技创新专项资金管理办法是什么?

为加快推动江苏省产业绿色低碳转型发展,江苏省财政厅出台《江苏省碳达峰碳中和科技创新专项资金管理办法(暂行)》,自2022年8月1日起施行,该办法明确省财政设立江苏省碳达峰碳中和科技创新专项资金管理机构及职责、范围及使用管理。

78. 中国实施的首个省级林草碳汇补贴方案是什么？

2022 年 6 月 15 日，四川省林业和草原局印发的《四川省林草碳汇发展推进方案（2022—2025 年）》是中国实施的首个省级林草碳汇方案。该方案指出：对项目通过国际国内碳信用市场主管机构注册（备案）的试点县，采取以奖代补方式给予 50—100 万元奖励。建成成片碳汇林达到 500 亩以上的，允许在符合土地管理法律法规和土地利用总体规划、依法办理建设用地审批手续、坚持节约集约用地的前提下，可利用不超过 3%，最多 50 亩的土地开展生态旅游、森林康养、休闲运动等绿色产业。

79. 中国首部碳达峰碳中和地方性法规是什么？

2021 年 9 月 27 日，天津市十七届人大常委会第二十九次会议审议通过《天津市碳达峰碳中和促进条例》，这是中国首部以促进实现碳达峰碳中和目标为立法主旨的省级地方性法规，自 2021 年 11 月 1 日起施行。

该条例以法规形式明确了管理体制、基本制度和绿色转型、降碳增汇的政策措施，将为天津市实现碳达峰碳中和目标提供坚强法治保障。该条例共八章八十二条，包括总则、基本管理制度、绿色转型、降碳增汇、科技创新、激励措施、法律责任等。

80. 中国出台的首个区域陆地碳汇评估技术指南是什么？

2022 年 4 月 18 日，《区域陆地碳汇评估技术指南》正式发布实施。这是中国首个区域碳汇团体标准，制定了与国际接轨并适合中国国情的区域陆地碳汇计量技术体系，明确了区域陆地碳汇评估的原则、方法、数据来源和评估质量评价等内容，填补了当前中国区域陆地碳汇评估标准的空白，是提高中国应对气候变化的能力、服务中国碳达峰碳中和战略目标的关键技术手段。

81. 中国首个大型活动碳中和实施指南是什么？

2019 年 5 月 29 日，中华人民共和国生态环境部正式发布了《大型活动碳中和实施指南（试行）》（以下简称《指南》），旨在通过大型活动碳中和的示范，在全社会广泛传播碳中和理论，倡导公众积极践行低碳生活方式。根据《指南》，碳中和实施程序包括碳中和计划、实施减排行动、量化温室气体排放、碳中和活动以及碳中和评价五部分内容。

82. 中国首个省级能源电力领域碳达峰方案是什么?

2022 年 8 月 11 日,上海市人民政府发布了《上海市能源电力领域碳达峰实施方案》。这是中国首个省级能源电力领域碳达峰方案。方案聚焦可再生能源开发、煤炭消费替代和转型升级、油气消费合理调控、新型电力系统建设等关键环节,组织实施上海市能源电力领域碳达峰行动,推进落实六方面二十项任务。

83. 中国首个农业碳汇交易平台是哪个?

2022 年 5 月 5 日,中国首个农业碳汇交易平台在福建厦门落地。现场通过发放首批农业碳票,推动 7755 亩生态茶园,共计 3357 吨农业碳汇作为中国首批农业碳汇交易项目签约,助力碳达峰碳中和战略与乡村振兴工作融合发展。

84. 中国首个"碳经济"硕士点基本情况是什么?

2022 年 7 月 12 日,国务院学位委员会发布《关于下达 2021 年学位授权自主审核单位撤销和增列的学位授权点名单的通知》(学位〔2022〕12 号)。中国人民大学应用经济学院的"碳经济"硕士专业学位授权点成功获批,成为中国首个获批的"碳经济"硕士专业点。

"碳经济"专业硕士项目将通过系统培养学生学习"碳经济"基本理论与方法,掌握"碳经济"基本技能,具备从事国家低碳经济政策分析与研究,支撑制定国家碳中和规划与发展战略、行业发展规划、能源企业发展规划,碳金融资产分析、管理及开发等金融活动的能力。该项目旨在培养学生成为中国碳规划与发展、碳产业政策、碳市场与贸易、气候变化谈判、国际关系以及碳管理规划等领域高专业性、高科技性、高层次性的复合型"碳经济"人才,参与政府政策制定、企业碳排放管理和碳市场分析预测等工作。

85. 中国首个居民低碳用电"碳普惠"应用是什么?

2022 年 6 月,由南方电网深圳供电局、深圳市生态环境局和深圳排放权交易所联合打造的国内首个居民低碳用电"碳普惠"应用已在南网在线 APP 和 95598 小程序上线。

作为中国首个关于居民家庭用电的"碳普惠"权威应用,它以"低碳权益、普惠大众"为核心,倡导"低碳用能、科学用电",依据家庭电量进行换算,得出居民家庭减排量。

该"碳普惠"应用涉及的科学衡量居民家庭用电减排量的方法学（包括计算方法和公式），属于中国首创。南方电网深圳供电局联合深圳排放权交易所参考国际通用准则，基于居民每日的精准用电数据，制定了这一方法学。

86. 中国首个省级绿电交易规则是什么？

2022 年 8 月 29 日，华东能监局、安徽省能源局发布《安徽省绿色电力交易试点规则》。文件指出：参与绿电交易的电力用户、售电公司，其购电价格由绿电交易价格、输配电价、辅助服务费用、政府性基金及附加等构成。其中，输配电价、政府性基金及附加按政府有关规定执行。参与绿电交易的电力用户应公平承担为保障居民、农业等优购用户电价稳定产生的新增损益分摊费用。

87. 中国首个《企业碳资信评价规范》是什么？

2022 年 10 月 1 日，《企业碳资信评价规范》正式实施。这一评价标准为企业提供了全面刻画企业碳能力的工具，是对企业碳达峰碳中和适应能力的分析评价，也是对企业主动进行减排降碳行为的价值进行评估，同时接轨传统信用评级的财务因素并对接金融资源。

该标准将在以下场景应用：首先，该标准可应用于绿色信贷、绿色债券、信托保险等绿色金融业务，提供绿色项目评价依据；其次，可应用于各级政府的技能降碳目标与绿色降碳体系，作为各级政府评价低碳企业、低碳园区的依据；再次，该标准可应用于相关指数的构建；最后，标准可对接 ESG 评级体系，为评级提供参考。

88. 中国首个《零碳社区建设与评价指南》是什么？

2022 年 7 月 28 日，中国首个《零碳社区建设与评价指南》标准发布。该标准以低碳社区、近零碳社区的建设实践为基础，结合中国国情及全球应对气候变化的最新进展和要求，按照绿色低碳、生态环保、经济舒适、生活便捷、运营高效、持续改进的要求，为社区实现零碳发展提供基础框架，为城市新建社区、城市既有社区零碳建设、零碳改造提供了指南。

89. 中国首个提升碳市场能力的专项行动方案是什么？

2022 年 11 月 10 日，四川省节能减排及应对气候变化工作领导小组办公室印发《四川省碳市场能力提升行动方案》（以下简称《方案》）。《方案》提出，坚持稳中求进的工作总基调，以碳达峰碳中和目标愿景为引领，以推动绿色低碳优势产业高质量发展为导向，以系统布局和重点突破、政府引导和市场驱动、管理提质和交易提效为基本原则，以提升数据质量为重点，主动适应、积极融入全国碳排放权交易和温室气体自愿减排交易市场，全面提升各类主体参与碳市场能力，管好盘活碳资产，提升企业低碳竞争力，强化监管执法，夯实碳达峰碳中和基础。《方案》从五个方面提出了二十三条具体任务，明确了"十四五"时期四川省碳市场能力提升的目标任务和重点工作。

90. 中国首个《工业互联网碳效管理平台建设指南》是什么？

2022 年 6 月，由泰尔英福公司编写的《工业互联网碳效管理平台建设指南》（以下简称《指南》）正式发布。该指南是现今中国首个工业互联网碳效管理平台的企业建设标准，对工业互联网碳效管理平台的建设和应用等方面提供了有效建议与指导。

《指南》从建设工业互联网碳效管理平台的总体目标出发，明确建设原则，厘清平台架构，详细阐述数据采集的对象、方式、采集设备以及设备管理。在此基础上说明数据处理分析过程，并列举了若干碳效平台应用，包括碳效数据管理、碳效数据分析等，同时提出平台所需要的标识解析基础设施、云端基础设施、安全可信、运维管理等方面的保障支撑。

91. 中国首个碳监测标准是什么？

2022 年 10 月 25 日，山西省环保产业协会发布并实施了中国首个碳监测标准《工业排放源 碳（CO_2、CO、CH_4）连续监测系统技术要求》团体标准，规定了固定污染源自动监测的组成结构、技术要求、性能指标和检测方法。该标准适用于固定污染源烟气在线自动监测的设计、生产和检测。

92. 中央企业在节约能源与生态环境保护工作中遵循的原则是什么？

（1）坚持绿色低碳发展。践行绿水青山就是金山银山的理念，坚持生态优先，正确处理节能降碳、生态环境保护与企业发展的关系，构建绿色低碳循环发展体系。

（2）坚持节约优先、保护优先。坚持节约资源和保护环境的基本国策。积极建设资源节约型和环境友好型企业，推动企业产业结构调整和转型升级，促进企业可持续发展。

（3）坚持依法合规。严格遵守国家节约能源与生态环境保护法律法规和有关政策，依法接受国家和地方人民政府节约能源与生态环境保护相关部门的监督管理。

（4）坚持企业责任主体。中央企业是节约能源与生态环境保护责任主体，要严格实行党政同责、一岗双责，按照管发展、管生产、管业务必须管节约能源与生态环境保护的要求，把节约能源与生态环境保护工作贯穿生产经营的全过程。

93. 国资委如何对中央企业节约能源与生态环境保护实行动态监管分类?

国资委对中央企业节约能源与生态环境保护实行动态分类监督管理，按照企业所处行业、能源消耗、主要污染物排放水平和生态环境影响程度，将中央企业划分为三类:

（1）第一类企业。主业处于石油石化、钢铁、有色金属、电力、化工、煤炭、建材、交通运输、建筑行业，且具备以下三个条件之一的:

①年耗能在 200 万吨标准煤以上；②二氧化硫、氮氧化物、化学需氧量、氨氮等主要污染物排放总量位于中央企业前三分之一；③对生态环境有较大影响。

（2）第二类企业。第一类企业之外具备以下两个条件之一的:

①年耗能在 10 万吨标准煤以上；②二氧化硫、氮氧化物、化学需氧量、氨氮等主要污染物排放总量位于中央企业中等水平。

（3）第三类企业。除上述第一类、第二类以外的企业。

94. 中国提出的五大重大国家战略区域有哪些?

中国提出的五大重大国家战略区域分别是:京津冀协同发展战略区域、长江经济带发展战略区域、粤港澳大湾区战略区域、长三角一体化战略区域和黄河流域生态保护和高质量发展战略区域。

95. 统筹和加强应对气候变化与生态环境保护相关工作的基本原则是什么?

（1）坚持目标导向。围绕落实二氧化碳排放达峰目标与碳中和愿景，统筹推进应对气候变化与生态环境保护相关工作，加强顶层设计，着力解决与新形势、新任务、新要求不相适应的问题，协同推动经济高质量发展和生态环境高水平保护。

（2）强化统筹协调。应对气候变化与生态环境保护相关工作统一谋划、统一布置、统一实施、统一检查，建立健全统筹融合的战略、规划、政策和行动体系。

（3）突出协同增效。把降碳作为源头治理的"牛鼻子"，协同控制温室气体与污染物排放，协同推进适应气候变化与生态保护修复等工作，支撑深入打好污染防治攻坚战和二氧化碳排放达峰行动。

96. 在应对气候变化与生态环境保护方面，中国如何推动国际合作？

统筹开展国际合作与交流。积极参与和引领应对气候变化等生态环保国际合作，加快推进现有机制衔接、平台共建共享，形成工作合力。统筹推进与重点国家和地区之间的战略对话与务实合作。加强与联合国等多边机构合作，建立长期性、机制性的环境与气候合作伙伴关系。统筹推进"一带一路"、南南合作等区域环境与气候合作。继续实施"中国—东盟应对气候变化与空气质量改善协同行动"。

统筹做好国际公约谈判与履约。统筹推进全球应对气候变化、生物多样性保护、臭氧层保护、海洋保护、核安全等方面的国际谈判工作，统筹实施《巴黎协定》《蒙特利尔议定书》《生物多样性公约》等相关公约国内履约工作。

97. 中国的温室气体与大气污染物协调控制举措有哪些？

协同控制传统污染物与温室气体，是中国"十四五"时期面临的重要任务之一。中国在污染物与温室气体协同控制研究方面基本与国际同步，在某些协同控制立法和相关政策制定方面甚至走在前列，但在协同控制政策落地、宣传、方法学研究等方面还需进一步加强。

中国协同效应研究最早可追溯到 21 世纪初，以重点行业、典型城市、重大政策等为案例分别开展了分析研究。在重点行业层面，以电力、钢铁、水泥、交通、煤化工等行业为案例开展了大气污染物与温室气体排放协同控制政策与示范研究；在典型城市层面，如以攀枝花市和湘潭市"十一五"总量减排措施为对象进行评估，发现这些减排措施对降低温室气体排放有显著协同效应；在重大政策层面，对西气东输、煤炭总量控制、清洁供暖等政策开展了协同效应评估。

中国在协同控制立法和政策制定等方面走在世界前列。2018 年，中国新修订的《大气污染防治法》、国务院颁布的《"十三五"控制温室气体排放工作方案》和国务院印发的《打赢蓝天保卫战三年行动计划》中都明确提出将污染物和温室气体协同控制。此外，2019 年生态环境部出台的《重点行业挥发性有机物综合治理方案》《工业炉窑大气污染综合治理方案》等部门规范性文件中也提出了要协同控制温室气体排放的目标。

地方机构改革完成以后，气候变化职能并入生态环境部门，特别是 2019 年开始，地方生态环境部门开始关注和推动打通一氧化碳和二氧化碳。许多省级生态环境部门专门组织举办关于污染物和温室气体协同控制相关的培训，并将协同控制作为未来工作的重点。有些地方开始尝试将排污权交易制度与碳排放权交易制度等衔接与协调。

第三部分　市场篇

C

98. 什么是碳排放权交易？全国碳排放权交易主体是什么？

碳排放权交易（简称碳交易），是指碳排放交易主体在指定交易机构，按照有关规则开展的温室气体排放权或碳排放空间的交易活动。全国碳排放权交易及相关活动是指在全国碳排放权交易市场开展的排放配额等交易以及排放报告与核查、排放配额分配、排放配额清缴等活动。

全国碳排放权交易主体包括重点排放单位以及符合国家有关交易规则的机构和个人。

99. 中国碳排放权交易市场包括哪些？

（1）北京绿色交易所（https://www.cbeex.com.cn）；
（2）上海环境能源交易所（https://www.cneeex.com）；
（3）广州碳排放权交易中心（http://www.cnemission.cn）；
（4）湖北碳排放权交易中心（http://www.hbets.cn）；
（5）深圳排放权交易所（http://www.cerx.cn）；
（6）天津排放权交易所（http://www.chinatcx.com.cn）；
（7）重庆碳排放权交易中心（https://tpf.cqggzy.com）；
（8）海峡股权交易中心（https://carbon.hxee.com.cn）；
（9）四川联合环境交易所（https://www.sceex.com.cn）。

100. 中国碳交易市场的结构体系是什么？

中国的碳交易市场分为两部分，一部分是强制配额市场，强制配额交易中心在上海环境能源交易所，登记结算中心在湖北碳排放权交易中心，交易产品是全国碳排放配额，参与强制配额市场交易的主体主要是重点排放单位、其他机构与个人；另一部分是自愿减排市场，自愿减排的管理与交易结算中心在北京绿色交易所，交易产品是国家核证自愿减排量，参与自愿减排市场交易的主体主要是减排项目业主（林业碳汇、可再生能源、甲烷利用等）与其他主体。

101. 什么是碳排放配额？碳排放配额的计价单位是什么？

碳排放配额指在碳排放总量控制下，政府分配的碳排放权凭证和载体。

碳排放配额交易以"每吨二氧化碳当量价格"为计价单位，买卖申报量的最小变动计量为 1 吨二氧化碳当量，申报价格的最小变动计量为 0.01 元人民币。

102. 碳排放配额总量如何确定？

生态环境部根据国家温室气体排放控制要求，综合考虑经济增长、产业结构调整、能源结构优化、大气污染物排放协同控制等因素，制定碳排放配额总量确定与分配方案。

省级生态环境主管部门根据生态环境部制定的碳排放配额总量确定与分配方案，向本行政区域内的重点排放单位分配规定年度的碳排放配额。

103. 碳配额的分配模式有几种？

碳配额的分配一般有三种模式：免费分配、拍卖以及混合模式。

免费分配是指政府将碳排放总量通过一定的计算方法免费分配给企业。这种分配方式的优点是企业接受意愿强，政策容易推行，对经济负面影响相对小。而缺点是会出现寻租问题。

拍卖即政府对碳配额进行拍卖，出价高的企业获得碳配额。这种分配方式的优点是可增加政府收入，通过补贴政策降低扭曲效应，解决寻租问题，分配更有效率。而缺点是不易被企业接受。

从国际经验来看，大部分碳排放权交易体系都没有采取纯粹的拍卖或纯粹的免费分配，而是采用配额分配的第三种模式即"混合模式"。混合模式既可以随时间逐步提高拍卖的比例，即"渐进混合模式"，也可以针对不同行业采用不同的分配方法。

104. 免费配额的分配方法有哪几种？

免费配额的分配方式中，最具代表性的是历史总量法、历史强度法和基准线法。

历史总量法是以企业过去的碳排放数据为依据进行分配。通常选取企业过去 3-5 年的二氧化碳排放量得出该企业的年均历史排放量，而这一数字就是企业下一年度可得的排放配额。历史总量法对数据要求较低，方法简单，但忽视了企业在碳排放权交易体系之前已采取的减排行为。

历史强度法是以企业历史碳排放为基础，并通过在其后乘以多项调整因子（如前期减排奖励、减排潜力、对清洁技术的鼓励、行业增长趋势等），将多种因素考虑在内的一种计算方法。历史强度法计算方法相对简单，对数据要求较低，适用于产品类型较多的行业。但这种方法变相奖励了历史排放量相对较高的企业，未考虑新公司无历史排放数据。

基准线法是指将不同企业（设施）同种产品的单位产品碳排放量按顺序从小到大排列，选择其中前 10% 作为基准线（10% 为假设比例，不代表具体行业），每个企业（设施）获得的配额量等于其产量乘以基准线值。基准线法相对公平，为行业减排树立了明确的标杆，考虑了新老公司的排放。但基准线法的计算方法复杂，所需数据要求高，仅适用于产品类别单一的行业。

105. 碳排放交易体系由哪些组成？碳市场的运行机制是什么？

碳排放交易体系是由交易产品（碳排放权）、交易主体（控排企业）、交易流程、交易活动及监管活动（政府监督）等核心要素所组成的规则化体系，在这一体系下各个环节按照一定的流程完成整个碳交易机制的运转。

首先，国家确定整体减排目标。根据《碳排放权交易管理办法（试行）》的规定，温室气体排放单位符合条件的（属于全国碳排放权交易市场覆盖行业、年度温室气体排放量达到 2.6 万吨二氧化碳当量）被列入温室气体重点排放单位名录。国家基于温升控制机制确定这些排放单位的剩余碳排放预算，结合经济社会发展等因素，确定年度排放总量限额。

其次，遵循配额制度对企业进行额度分配。生态环境部根据国家温室气体排放要求以及各方面因素综合考虑决定碳排放配额总量和分配方案，然后由省级生态环境主管部门根据配额总量和分配方案向区域内重点排放单位分配规定年度的碳排放配额。当前中国对重点单位实行配额免费发放，后续会逐步加入有偿分配模式。

最后，交易主体在碳市场上进行交易。中国碳市场以强制性的配额交易市场为主，中国核证自愿减排量（CCER）市场作为补充机制存在，配额和实际排放之间的缺口和盈余可以进行交易。

106. CCER 项目的开发流程是什么？

中国核证自愿减排量（CCER）项目开发一般包括项目评估、项目备案、项目减排量备案三个阶段，涉及方法学、额外性、减排量评估、项目文件设计、项目审定、项目备案、项目实施与监测、减排量核查与核证、减排量签发九个步骤（表 3）。

表3　CCER项目开发流程

开发阶段	开发步骤	具体流程
项目评估	方法学	项目开发必要前提
	额外性	项目能否获得备案的关键因素
	减排量评估	项目实际收益的重要参考
项目备案	项目文件设计	一般委托专业咨询机构进行
	项目审定	主管部门备案的第三方机构
	项目备案	主管部门组织专家评估后备案
项目减排量备案	项目实施与监测	项目业主按照设计文件运行项目实施监测 咨询机构根据监测数据编制监测报告
	减排量核查与核证	主管部门备案的第三方机构
	减排量签发	主管部门组织专家评估后审查批准

　　资料来源：《温室气体自愿减排交易管理暂行办法》（发改气候〔2012〕1668号）；《温室气体自愿减排项目审定与核证指南》（发改办气候〔2012〕2862号）；《温室气体自愿减排方法学》。

107. 碳排放交易的产品是什么？

　　全国碳排放权交易市场的交易产品为碳排放配额，生态环境部可以根据国家有关规定适时增加其他交易产品。

108. 影响碳排放权交易价格的因素有哪些？

　　碳排放权价格是整个碳市场交易体系中的定价基础和核心要素，已成为核定成本、调剂供求的重要工具。由于碳排放权是人为设定的，其产生本身就决定了它与一般金融资产的交易行为不同。碳排放权交易除了会受到市场供求规律的影响外，还会受到国内外诸多因素的影响，例如，政府的配额分配、能源市场的状况、国际气候谈判的进展、减排技术以及政府应对气候变化的相关政策措施等，而且后者的作用往往更大。由于这一系列因素与外部环境息息相关，导致了碳排放权交易的风险很大且错综复杂，从而使交易者的交易行为更加谨慎，彼此间的博弈也更为激烈，价格形成过程繁杂。碳排放权作为一种特殊的资产类商品，具有稀缺性与强制性、政策性与波动性、排他性与转让性等特点，其最终成交价格的影响因素相较一般金融资产要复杂得多。

109. 如何进行碳排放权交易？

　　碳排放权交易应当通过全国碳排放权交易系统进行，可以采取协议转让、单项竞价或者其他符合规定的方式。

协议转让是指交易双方协商达成一致意见并确认成交的交易方式，包括挂牌协议交易及大宗协议交易。其中，挂牌协议交易是指交易主体通过交易系统提交卖出或者买入挂牌申报，意向受让方或者出让方对挂牌申报进行协商并确认成交的交易方式。大宗协议交易是指交易双方通过交易系统进行报价、询价并确认成交的交易方式。

单向竞价是指交易主体向交易机构提出卖出或买入申请，交易机构发布竞价公告，多个意向受让方或者出让方按照规定报价，在约定时间内通过交易系统成交的交易方式。

110. 碳排放权交易有关法规和政策有哪些?

2016 年 10 月 27 日，国务院印发的《"十三五"控制温室气体排放工作方案》中明确建设和运行中国碳排放权交易市场，主要措施有三点，一是建立中国碳排放权交易制度；二是启动运行中国碳排放权交易市场；三是强化中国碳排放权交易基础支撑能力。

2020 年 12 月，生态环境部印发了《2019—2020 年全国碳排放权交易配额总量设定与分配实施方案（发电行业）》《纳入 2019—2020 年全国碳排放权交易配额管理的重点排放单位名单》等配套文件。配套文件按照 2013—2019 年任一年排放达到 2.6 万吨二氧化碳当量及以上的标准，筛选出中国 2225 家发电行业重点排放单位纳入 2019—2020 年全国碳市场。这也意味着发电行业将作为突破口率先进入全国碳市场的第一个履约周期。

2021 年以来，在碳达峰碳中和愿景下，中国的碳排放权交易市场建设在各项政策文件的推动下不断提速。

2020 年 12 月 25 日由生态环境部部务会议审议通过的，自 2021 年 2 月 1 日起施行的《碳排放权交易管理办法（试行）》，明确了碳市场的参与主体和监管部门等各方的责任、权利和义务。

2021 年 5 月，生态环境部组织制定的碳排放权登记、交易、结算管理规则相关的三份文件（《碳排放权登记管理规则（试行）》《碳排放权交易管理规则（试行）》和《碳排放权结算管理规则（试行）》）正式出台，这些文件的出台，对进一步规范全国碳市场交易活动具有积极意义。

111. 全球主要的碳排放权交易市场有哪些?

欧洲：欧盟碳排放交易系统于 2005 年 1 月开始运行，包括所有成员国以及挪威、冰岛和列支敦士登，覆盖该区域约 45% 的温室气体排放，涉及超过 1.1 万家高耗能企业及航空运营商。按照"总量交易"原则，欧盟统一制定配额，各国为本国设置排放上限，确定纳入排放交易体系中的产业和企业，向其分配一定数量的排放许可权。如果企业的实际排放量小于配额，可以将剩余配额出售，反之则需要在交易市场上购买。

美国：区域温室气体倡议（RGGI）是美国第一个基于市场化机制减少电力部门温室气体排放的强制性计划，于 2009 年启动，主要涉及电力部门并覆盖区域排放量的 20%。2020—2021 年间，区域温室气体倡议（RGGI）碳市场的碳配额价格相对稳定，2020 年初平均为 5.77 美元 / 吨，2020 年 3 月受到新冠肺炎疫情的影响下跌至 4.69 美元 / 吨，随后在 4 月初迅速复苏，到 2020 年 6 月稳定在 6 美元 / 吨左右，价格已经恢复到新冠肺炎疫情前的水平，此后碳价持续缓慢上升，至 2021 年 10 月达到 10 美元 / 吨左右。

韩国：韩国于 2015 年开始实施温室气体排放权交易制度。根据韩国《温室气体排放配额分配与交易法》，企业总排放量高于每年 12.5 万吨二氧化碳当量，以及单一业务场所年温室气体排放量达到 2.5 万吨，都必须纳入该系统。根据韩国交易所数据，2020 年，韩国各种排放权交易产品总交易量超出 2000 万吨，同比增加 23.5%。

日本：日本经济产业省表示，作为到 2050 年实现碳中和目标的一部分，计划在 2022 年 4 月至 2023 年 3 月期间，启动全国示范性碳信用额度交易市场，以大力推动碳减排货币化，鼓励更多本土企业自主减排，同时也向跨国公司开放，预计将有 400-500 家公司参与其中。

新加坡：新加坡推出了新的全球碳交易中心 Climate Impact X（CIX），为各企业或组织提供"高质量的碳信用，以解决难以消减的排放问题"。全球碳交易中心（CIX）是由星展银行、新加坡交易所（SGX）、渣打银行和淡马锡联合成立的合资企业。成立该交易中心的愿景是期望能够为企业提供高质量的碳信用和有效的解决方案，来应对气候变化，并致力于将其打造为一个世界级的碳交易所和全球市场。

印度：印度推出了两个碳金融衍生品的交易，包括多种商品交易所（MCX）推出的欧盟减排许可（EUA）期货和 5 种核证减排额（CER）期货，以及印度国家商品及衍生品交易所（NCDEX）2008 年 4 月推出的核证减排额（CER）期货，提高了印度国际碳交易份额。

112. 哪些企业应当列入温室气体重点排放单位名录？

符合下列条件的，应当列入温室气体重点排放单位名录：

（1）属于全国碳排放权交易市场覆盖行业；

（2）年度温室气体排放量达到 2.6 万吨二氧化碳当量。

113. 碳排放权交易市场纳入配额管理的重点排放单位名录需要公布吗？

需要公布。根据 2020 年 12 月 25 日由生态环境部部务会议审议通过的，自 2021 年 2 月 1 日起施行的《碳排放权交易管理办法（试行）》第九条的规定，省级生态环境主管部门应当按照生态环境部的有关规定，确定本行政区域重点排放单位名录，向生态环境部报告，并向社会公开。

114. 温室气体重点排放单位在进行碳排放时应做哪些工作？

重点排放单位应当控制温室气体排放，报告碳排放数据，清缴碳排放配额，公开交易及相关活动信息，并接受生态环境主管部门的监督管理。

115. 哪些情况下需要将相关温室气体排放单位从重点排放单位名录中移出？

存在下列情形之一的，确定名录的省级生态环境主管部门应当将相关温室气体排放单位从重点排放单位名录中移出：

（1）连续两年温室气体排放未达到 2.6 万吨二氧化碳当量的；

（2）因停业、关闭或者其他原因不再从事生产经营活动，因而不再排放温室气体的。

116. 温室气体重点排放单位如何编制温室气体排放报告？

重点排放单位应当根据生态环境部制定的温室气体排放核算与报告技术规范，编制该单位上一年度的温室气体排放报告，载明排放量，并于每年 3 月 31 日前报生产经营场所所在地的省级生态环境主管部门。排放报告所涉数据的原始记录和管理台账应当至少保存五年。

重点排放单位对温室气体排放报告的真实性、完整性、准确性负责。

重点排放单位编制的年度温室气体排放报告应当定期公开，接受社会监督，涉及国家秘密和商业秘密的除外。

117. 如何对重点排放单位温室气体排放报告进行核查？

省级生态环境主管部门应当组织开展对重点排放单位温室气体排放报告的核查，并将核查结果告知重点排放单位。核查结果应当作为重点排放单位碳排放配额清缴依据。

省级生态环境主管部门可以通过政府购买服务的方式委托技术服务机构提供核查服务。技术服务机构应当对提交的核查结果的真实性、完整性和准确性负责。

118. 什么是碳信用?

碳信用（Carbon Credit）又称碳权,是指在经过联合国或联合国认可的减排组织认证的条件下,国家或企业以增加能源使用效率、减少污染或减少开发等方式减少碳排放,因此得到可以进入碳排放权交易市场的碳排放计量单位。

119. 什么是碳资产?

碳资产是指一种以二氧化碳当量来计量的资产。它具有可使用、可交易、可储存的属性,包括碳配额、经核证的温室气体减排量等。

120. 什么是碳价?

碳价（Carbon Price）是指避免二氧化碳或二氧化碳当量排放或将其排入大气的价格。它可指碳税率或排放许可额度的价格。在很多用于评估减缓经济成本的模型中,碳价通常被用来作为表示减缓政策努力程度的替代参数。

121. 什么是碳抵消? 抵消机制是什么?

碳抵消是指用于减少温室气体排放源或增加温室气体吸收,用来实现补偿或抵消其他排放源产生温室气体排放的活动,即控排企业的碳排放可用非控排企业使用清洁能源减少温室气体排放或增加碳汇来抵消。抵消信用由通过特定减排项目的实施得到减排量后进行签发,项目包括可再生能源项目、森林碳汇项目等。

重点排放单位每年可以使用国家核证自愿减排量抵消碳排放配额清缴,抵消比例不得超过应清缴碳排放配额的 5%。用于抵消的减排量不得来自纳入全国碳排放权交易市场配额管理的减排项目。

122. 什么是碳盘查? 什么是碳核算?

碳盘查是以排放企业或组织为单位,计算其在社会生产活动中各个环节的直接或间接排放的温室气体。

碳核算是测量工业活动向地球生物圈直接和间接排放二氧化碳及其当量气体的措施,是指控排企业按照监测计划对碳排放相关参数实施数据收集、统计、记录,并将所有排放相关数据进行计算、累加的一系列活动。

123. 什么是碳核查?

碳核查是指第三方服务机构对参与碳排放权交易的碳排放管控企(事)业单位提交的温室气体排放量化报告进行核查的活动。

124. 企业碳排放核查的原则是什么? 包括哪些过程?

企业碳排放核查的原则是:

(1)独立性。核查员独立于所核查的活动,不带偏见,无利益冲突,在核查过程中保持客观,以确保其发现和结论都是建立在客观证据的基础上。

(2)公正性。真实准确地反映核查的活动、发现、结论和报告。如实报告在核查过程中遇到的重大障碍,以及在核查员和受核查方之间未解决的分歧意见。

(3)道德行为。在企业碳排放核查中做到诚信、正直、保守秘密和谨慎。

企业碳排放核查过程包括五个部分:合同评审及受理、核查启动、现场核查实施、核查报告编制和核查完成。

125. 什么是碳排放配额清缴?

碳排放配额清缴是指重点排放单位应当在生态环境部规定的时限内,向分配配额的省级生态环境主管部门清缴上年度的碳排放配额。清缴量应当大于等于省级生态环境主管部门核查结果确认的该单位上年度温室气体实际排放量。

重点排放单位足额清缴碳排放配额后,配额仍有剩余的,可以结转使用;不能足额清缴的,可以通过在全国碳排放权交易市场购买配额等方式完成清缴。

126. 如何处罚未按时足额清缴碳排放配额单位?

重点排放单位未按时足额清缴碳排放配额的,由其生产经营场所所在地设区的市级以上地方生态环境主管部门责令限期改正,处二万元以上三万元以下的罚款;逾期未改正的,对欠缴部分,由重点排放单位生产经营场所所在地的省级生态环境主管部门等量核减其下一年度碳排放配额。

127. 如何处罚虚报、瞒报、拒绝履行温室气体排放报告义务的单位?

重点排放单位虚报、瞒报温室气体排放报告,或者拒绝履行温室气体排放报告义务的,由其生产经营场所所在地设区的市级以上地方生态环境主管部门责令限期改正,处一万元以上三万元以下的罚款;逾期未改正的,由重点排放单位生产经营场所所在地的省级生态环境主管部门测算其温室气体实际排放量，并将该排放量作为碳排放配额清缴的依据；对虚报、瞒报部分，等量核减其下一年度碳排放配额。

128. 什么是碳交易机制？

碳交易机制是规范国际碳交易市场的一种制度。碳资产原本并非商品，也没有显著开发价值。1997 年《京都议定书》的签订改变了这一切。按照《京都议定书》的规定，到 2010 年所有发达国家排放的二氧化碳、甲烷等在内的 6 种温室气体数量要比 1990 年减少 5.2%。但由于发达国家能源利用效率高，能源结构优化，新能源技术被大量采用，因此发达国家进一步减排的成本高，难度较大。而发展中国家能源效率低，减排空间大，成本也低。这导致同一减排量在不同国家之间存在不同成本，形成价格差。发达国家有需求，发展中国家有供应能力，碳交易市场便由此产生。为达到《联合国气候变化框架公约》全球温室气体减量的最终目的，依据公约的法律架构，《京都议定书》中规定了三种减排机制：清洁发展机制（Clean Development Mechanism，CDM），联合履约（Joint Implementation，JI）和排放贸易（Emissions Trade，ET）。

129. 什么是清洁发展机制？

清洁发展机制（Clean Development Mechanism，CDM）是指《京都议定书》中引入的灵活履约机制之一。核心内容是允许缔约方（即发达国家）与非缔约方（即发展中国家）进行项目级的减排量抵消额的转让与获得，在发展中国家实施温室气体减排项目。

130. 什么是联合履约？

联合履约（Joint Implementation，JI）是《京都议定书》中引入的三项灵活履约机制之一。减排成本较高的国家通过该机制在减排成本较低的国家实施温室气体的减排项目，并获得项目活动产生的减排单位，从而用于履行其温室气体的减排承诺。

131. 什么是排放贸易？

排放贸易（Emissions Trade，ET）是《京都议定书》规定的发达国家之间的一种履约机制。核心是允许发达国家向其他国家购买温室气体排放限额，以实现其减排承诺。能够在不影响全球环境完整性的同时，降低温室气体减排活动对经济的负面影响，实现全球减排成本效益最优。

132. 什么是碳边境调节机制?

碳边境调节机制(Carbon Border Adjustment Mechanism,CBAM)是一种气候贸易措施,具体表现形式为碳减排政策较为严格的国家在进口商品时,对其征收与本国同类型产品碳排放成本相当的税费。欧盟表示,碳边境调节机制的提出是为了防止"碳泄漏"。实施碳边境调节机制可以有效避免产业外流,同时提高本地企业竞争力。

第四部分　技术篇

133. 什么是低碳技术？前沿和颠覆性低碳技术有哪些？

低碳技术是指以能源及资源的清洁高效利用为基础，以减少或消除二氧化碳排放为基本特征的技术。广义上也包括以减少或消除其他温室气体排放为特征的技术。低碳技术的类别是根据控制过程所处的阶段进行划分的。具体来看可分为零碳技术、减碳技术和储碳技术三类。

前沿和颠覆性低碳技术有以下七种：

（1）新型高效光伏电池技术。研究可突破单结光伏电池理论效率极限的光电转换新原理，研究高效薄膜电池、叠层电池等基于新材料和新结构的光伏电池新技术。

（2）新型核能发电技术。研究四代堆、核聚变反应堆等新型核能发电技术。

（3）新型绿色氢能技术。研究基于合成生物学、太阳能直接制氢等绿氢制备技术。

（4）前沿储能技术。研究固态锂离子、钠离子电池等更低成本、更安全、更长寿命、更高能量效率、不受资源约束的前沿储能技术。

（5）电力多元高效转换技术。研究将电力转换成热能、光能，以及利用电力合成燃料和化学品技术，实现可再生能源电力的转化储存和多元化高效利用。

（6）二氧化碳高值化转化利用技术。研究基于生物制造的二氧化碳转化技术，构建光－酶与电－酶协同催化、细菌/酶和无机/有机材料复合体系二氧化碳转化系统，制备淀粉、乳酸、乙二醇等化学品；研究以水、二氧化碳和氮气等为原料直接高效合成甲醇等绿色可再生燃料的技术。

（7）空气中二氧化碳直接捕集技术。加强空气中直接捕集二氧化碳技术理论创新，研发高效、低成本的空气中二氧化碳直接捕集技术。

134. 什么是零碳技术？零碳技术涉及哪些领域？零碳技术如何实施？

零碳技术，又称无碳技术，是指获取和利用非化石能源，开发以无碳排放为特征的清洁能源技术，实现二氧化碳近"零排放"的技术，是作为源头控制的低碳技术，包括可再生能源和先进民用核能技术。

零碳技术包含开发新型太阳能、风能、地热能、海洋能、生物质能、核能等零碳电力技术以及机械能、热化学、电化学等储能技术。零碳技术的最终理想是对化石能源的彻底取代。

加强高比例可再生能源并网、特高压输电、新型直流配电、分布式能源等先进能源互联网技术研究。开发可再生能源 / 资源制氢、储氢、运氢和用氢技术以及低品位余热利用等零碳非电能源技术。开发生物质利用、氨能利用、废弃物循环利用、非含氟气体利用、能量回收利用等零碳原料 / 燃料替代技术。

135. 什么是减碳技术？减碳技术涉及哪些领域？减碳技术如何实施？

减碳技术是指在化石能源利用、工农业生产或在产品终端应用中，降低温室气体排放量的技术，是作为过程控制的低碳技术，主要包括节能和提高能效、原料替代或减少、燃料替代及非二氧化碳温室气体减排技术等。

减碳技术涵盖钢铁、电力、石油化工、黑色金属冶炼及压延加工业、非金属矿物制品业等二氧化碳高排放量工业行业。

减碳技术的实施要围绕化石能源绿色开发、低碳利用、减污降碳等开展技术创新；重点加强多能互补耦合、低碳建筑材料、低碳工业原料、低含氟原料等源头减排关键技术开发；加强全产业链 / 跨产业低碳技术集成耦合、低碳工业流程再造、重点领域效率提升等过程减排关键技术开发。

136. 新能源发电技术重点是什么？

新能源发电技术包括风力发电、太阳能发电、核能发电、海洋能发电、生物质能发电、地热能发电等技术。由于化石能源消耗是中国碳排放的主要来源，随着清洁能源发电技术的不断成熟和发电成本的下降，据高盛预测，新能源及可再生能源技术将有潜力促进中国约 50% 的人为温室气体排放"去碳化"，是中国实现"碳中和"目标最重要的技术。

根据 2020 年 12 月 31 日国家发展改革委办公厅、科技部办公厅、工业和信息化部办公厅、自然资源部办公厅印发的《绿色技术推广目录（2020 年）》及相关规划，风能、太阳能发电技术是"零碳"技术的发展重点。"十四五"期间在新能源发电技术中，风电和光伏技术是中国能源消费转型的重点。

137. 什么是储碳技术？

储碳技术是指在二氧化碳产生以后，捕获、利用和封存二氧化碳的技术，是作为末端控制的低碳技术，包括二氧化碳捕集、利用与封存技术以及生物与工程固碳技术。

138. 什么是二氧化碳捕集与封存？什么是二氧化碳捕集、利用与封存？

二氧化碳捕集与封存（Carbon Dioxide Capture and Storage，CCS）是指将二氧化

碳从工业或相关能源产业的排放源中分离出来，输送并封存在地质构造中，长期与大气隔绝的过程。

二氧化碳捕集、利用与封存（Carbon Dioxide Capture, Utilization and Storage, CCUS）是指将二氧化碳从大气、工业或能源相关的排放源中分离或直接加以利用或封存，以实现二氧化碳减排或消除的工业过程。CCUS来源于二氧化碳捕集与封存（CCS），在二氧化碳捕集与封存（CCS）基础上增加了二氧化碳利用。二氧化碳利用包括化工利用、生物利用和地质利用三大类，因此CCUS定义包含了CCS的内容。

139. 什么是生物质二氧化碳捕集与封存？

生物质二氧化碳捕集与封存（Bioenergy with Carbon Capture and Storage, BECCS）是指生物质能源技术和二氧化碳捕集与封存（CCS）结合的二氧化碳零排放或负排放技术。

140. 什么是直接空气碳捕集和封存？

直接空气碳捕集和封存（Direct Air Capture with Carbon Storage, DACCS）是指利用工业级风扇直接吸入空气，通过化学溶液去除其中二氧化碳并将其余空气返回大气中，被捕获的二氧化碳用于地质封存的过程。

141. 什么是二氧化碳捕集率？

二氧化碳捕集率（CO_2 Capture Rate）是指二氧化碳捕集系统中捕集/分离的二氧化碳质量或流量与捕集系统入口处二氧化碳质量或流量的比值。

142. 二氧化碳捕集、利用与封存技术在国外发展状况如何？

美国、加拿大、英国、澳大利亚、挪威等国家高度重视二氧化碳捕集、利用与封存（CCUS）技术的发展，利用补贴、碳税等形式支持CCUS示范项目建设。同时，欧美发达国家积极推动其国内政策和管理框架的建立和完善，并在加强公众宣传、提高公众接受度方面开展了大量工作。

143. 二氧化碳捕集、利用与封存技术在中国发展状况如何？

从捕集环节来看，部分技术已达到或接近达到商业化应用阶段；从运输环节来看，二氧化碳陆路车载运输和内陆船舶运输技术已成熟；从利用环节来看，化工利用取得较大进展，整体处于中试阶段；从封存环节来看，中国已完成了二氧化碳理论封存潜力评估。

144. 碳中和目标下，大力发展 CCUS 技术有什么重要意义？

碳中和目标下，大力发展二氧化碳捕集、利用与封存（CCUS）技术不仅是未来我国减少二氧化碳排放、保障能源安全的战略选择，而且是构建生态文明和实现可持续发展的重要手段。

碳中和目标的实现要求我国建立以非化石能源为主的零碳能源系统，经济发展与碳排放脱钩。CCUS 技术作为我国实现碳中和目标技术组合的重要组成部分，不仅是我国化石能源低碳利用的唯一技术选择，保持电力系统灵活性的主要技术手段，而且是钢铁水泥等难减排行业的可行技术方案。此外，CCUS 与新能源耦合的负排放技术还是抵消无法削减碳排放、实现碳中和目标的托底技术保障。

145. 二氧化碳捕集技术有哪些？

二氧化碳捕集（CO_2 Capture）是指将二氧化碳从大气、工业或能源设施中分离，产生易于运输、储存或利用的高浓度二氧化碳流的过程。

根据二氧化碳捕集系统的技术基础和适用性，二氧化碳捕集技术通常分为燃烧前捕集技术、燃烧后捕集技术、富氧燃烧捕集技术以及其他新兴碳捕集技术等。

燃烧前捕集（Pre-combusti on Capture）是指在燃烧前对燃料进行处理并捕集二氧化碳的过程。

燃烧后捕集（Post-combusti on Capture）是指从燃料空气燃烧过程中产生的烟气中捕集二氧化碳的过程。

富氧燃烧捕集（Oxy-fuel combusti on Capture）是指燃料与纯氧或高浓度氧与再循环烟气混合物燃烧后捕集二氧化碳的过程。

146. 燃烧前捕集技术运用于哪方面？

燃烧前捕集主要运用于整体煤气化联合循环系统中，将煤高压富氧气化变成煤气，再经过水煤气变换后将产生二氧化碳和氢气，气体压力和二氧化碳浓度都很高，将很容易对二氧化碳进行捕集。剩下的氢气可以被当作燃料使用。

147. 燃烧前捕集技术的发展潜力如何？

燃烧前捕集技术的捕集系统能耗低，在效率以及对污染物的控制方面有很大的潜力，因此受到广泛关注。然而，整体煤气化联合循环发电技术仍面临着投资成本高、可靠性有待提高的问题。

148. 燃烧后捕集技术有哪些?

燃烧后捕集即在排放烟气中捕集二氧化碳。常用的二氧化碳分离技术有化学吸收法(利用酸碱性吸收)、物理吸收法、物理化学吸收和吸附法(变温或变压吸附)。

149. 富氧燃烧捕集技术如何实施? 实施难度是什么?

富氧燃烧采用传统燃煤电站的技术流程,但通过制氧技术,将空气中大比例的氮气脱除,直接用高浓度的氧气与抽回的部分烟气(烟道气)的混合气体来替代空气,这样得到的烟气中有高浓度的二氧化碳气体,可以直接处理和封存。

欧洲已有在小型电厂进行改造的富氧燃烧项目。该技术路线面临的最大难题是制氧技术的投资和能耗太高,现在还没找到一种廉价低耗的能动技术。

150. 二氧化碳捕集技术的应用场景有哪些?

(1)钢铁碳捕集。高炉炼铁是现代炼铁的主要方法,其产量占世界生铁总产量的95%以上。高炉煤气(BFG)是高炉炼铁过程产生的副产品,产量巨大。BFG的主要成分为20%—28%的CO、17%—25%的CO_2、50%—55%的N_2和1%—5%的H_2。适用于钢铁BFG碳捕集的技术,根据气体分离方式不同,可分为化学吸收法、物理吸附法和膜分离法。

总体上,化学吸收法易获得高捕集率和高纯度的二氧化碳产品气,但涉及工艺复杂;膜分离法难以同时达到高捕集率和高纯度,但具有工艺简单等优点;吸附法处理大气量时具有设备占地面积大等缺点。对于不同捕集情景下具体工艺的选择,还需要考虑技术、经济和环保等多种因素的影响。

碳捕集工艺在BFG中具有不同的适用性和经济性,对于BFG热值的影响反映在获得二氧化碳产品的纯度和二氧化碳捕集率的差异。在相同BFG原料气量条件下,这些差异决定了不同的碳捕集量和处理后不同的热值提升幅度;在相同碳捕集量的条件下,这些差异决定了原料BFG的需求量以及处理后热值提升的幅度;在BFG和焦炉煤气(COG)等高热值气体混合后捕集的条件下,这些差异决定了BFG和COG等混合的比例。

(2)工业碳捕集。全球碳捕集与封存技术的公开数量已达3000项以上,石油化工行业是碳捕集与封存技术的主要应用领域,排放、成本、效率和能耗是该技术创新的主要着力点。

从国际发展布局看,中美两国是碳捕集与封存技术创新和应用大国,其技术发展兴起于装备领域，发展脉络历经生物技术、燃料与燃烧工艺技术、回收再利用技术、量化控制技术，逐步发展到最为热门的碳足迹、碳捕集与封存技术。

碳捕集与封存技术经历了导入期、成长期、成熟期和稳定期，未来随着全球低碳政策的大量出台，以及碳税、碳交易制度的逐步成熟，碳捕集与封存技术可能会迎来其第二轮的快速增长。碳捕集与封存技术的研究可为工业用能结构优化和绿色低碳转型提供一定的借鉴。

（3）航运碳捕集。未来航运业可能应用二氧化碳捕集、利用与封存（CCUS）技术实现减排的两种设想。一是建设集海上二氧化碳转移、绿色能源生产及船舶燃料供应加注于一体的综合产业集群；二是航运公司通过在陆上投资建立 CCUS 设施进行碳抵消。这一设想的可能性是基于航运业碳排放市场引入碳信用、碳抵消机制。假设航运公司投资建设陆上 CCUS 系统，可以通过从陆上燃油生产端或其他方面捕集、封存二氧化碳来抵消船舶的碳排放，形成跨行业的碳转移，从而达到碳中和。

（4）煤电碳捕集。燃煤电厂碳捕集技术可以分为燃烧前碳捕集、富氧燃烧及燃烧后碳捕集等，对采用不同碳捕集技术的电厂大型 CCUS 项目数量进行统计分析，可知采用燃烧后捕集技术的项目最多，达到十八项。

燃烧后捕集技术，是指从燃烧设备（锅炉、燃气机等）化石燃料燃烧的烟气中采用化学或物理方法对二氧化碳进行选择性富集。该技术相对成熟和简单，不需要大面积改造电厂，在实际应用中只需对原有电厂小幅改造即可满足脱碳要求，因此，燃烧后二氧化碳捕集技术将是未来应用范围最广泛的碳捕集技术。

燃烧后捕集技术一般有化学吸收法、物理吸收法、吸附分离法、膜分离法、膜吸收法等。而国际上相对较成熟、应用最广泛的工艺技术是化学溶剂吸收 / 再生法回收二氧化碳技术。

（5）能源碳捕集。CCUS 与氢能技术耦合：由于炼化和氯碱等行业常产生大量多余氢气，未来技术成熟后，有望与二氧化碳发生化学反应，低成本制取甲醇或多元醇。通过 CCUS 技术捕集在制氢过程中排放的二氧化碳，一方面可以采用捕集或资源化利用的方式；另一方面可与制得的氢气通过化学合成等技术得到具有高附加值的有机化学品，从而产生收益。

CCUS 与风光互补技术耦合：风能属于可再生清洁能源，技术相对成熟且成本不断下降。虽然稳定性差，但若将其与无须连续供电的 CCUS 技术耦合，整个流程碳排放较小，可以加快 CCUS 产业链的发展，促进规模化减排的分布部署。同样，太阳能作为一种新兴的可再生能源，与 CCUS 技术耦合利用，产生的热能可直接用于二氧化碳化学法捕集工艺的能量供应，产生的电能可为 CCUS 工艺提供能源动力，捕集的二氧化碳可通过加氢等化学转化形成醇类有机燃料。

CCUS 与生物质能技术耦合：生物质发电 +CCUS 是实现中长期全经济范围 "净零碳排放" 潜在的关键技术，有必要为推进中长期温室气体的净零排放提供技术储备。

（6）汽车碳捕集。早在 2010 年，沙特阿美国家石油公司研究发展部就开始发展汽车碳捕集技术。在短短 18 个月的时间里，沙特阿美就设计出全球第一款碳捕集汽车模型。

这一技术是在不改变汽车引擎设计的基础上，实现对汽车尾气中二氧化碳的分离和存储。在 2012 年的一次测试中显示，这款汽车能够将汽车排放的 10% 二氧化碳 捕集起来。经历了几年的技术改进升级后，新一代技术能将二氧化碳的捕集比例从 10% 提高到 25%。

（7）石化碳捕集。CCUS 技术涉及二氧化碳的捕集、运输及封存利用，就整条产业链而言，成本高是制约其发展的重要因素，这是由于烟道气中的主要成分为氮气，而二氧化碳的含量相对较低，从而导致分离能耗大，捕集成本高。

而对于石油石化行业，为了满足石油开发的需求，提高石油采收率，通常将二氧化碳注入油气层进行驱油，气源多数来自燃煤电厂烟道气中的二氧化碳。

（8）水泥碳捕集。适用于水泥厂的新型外燃式高温煅烧回转窑脱碳工艺：该工艺的原理是根据捕集二氧化碳量的要求，将原本送入预热器下料管的生料，分出一定量送入外燃式高温煅烧回转窑中分解。

由于采用外燃式技术，生料在回转窑内被窑外燃料燃烧加热，窑内分解出的二氧化碳浓度很高，同时由于燃料与物料不直接接触，分解出来的氧化钙活性较高，可以直接吸收原料中分解出来的 SO_x。

分解出来的气体只含少量的 SO_x、NO_x、粉尘，先经过换热器将高温分解气体冷却降温后送入除尘器除尘，再送入脱硫床、干燥床、精密吸附床进一步脱硫、干燥、除尘并除去氮氧化物等杂质，然后送入食品级精馏塔精馏提纯，最后送入储存罐。燃料燃烧烟气废热和高温二氧化碳冷却余热可用余热锅炉回收发电，也可以用来预热燃料燃烧所需要的空气。

（9）油田碳捕集。化学溶剂吸收法是对低压中浓度碳源进行碳捕集最成熟、最经济的技术，并且对于已建装置最容易实现改造。

对于已研发的部分实验能耗为 2.0 GJth/t 二氧化碳的吸收剂，应加快中试和现场试验应用进程。对低压低浓度碳源进行碳捕集尚无经济可行的成熟技术，复合胺吸收体系吸收基本是唯一可行的方法，下一步应开展新型低能耗溶剂的研发和全厂全流程能量优化。

膜分离法具有良好的发展前景，未来应加快开发新型高二氧化碳分离膜和基于膜分离法的组合技术，如膜分离法＋变压吸附法、膜分离法＋化学溶剂吸收法等，尤其是开展中规模（$30×10^4$—$100×10^4$ t/a）、大规模（$≥ 100×10^4$ t/a）的组合技术研究，这也是实现对低压碳源进行碳捕集高效经济的发展方向之一。

（10）制氢碳捕集。相较其他制氢技术，现阶段煤制氢与 CCUS 技术的集成应用具备显著的成本优势；CCUS 技术可降低煤制氢过程约 90% 的二氧化碳排放，但相比可再生能源制氢，其碳足迹仍是短板；新疆、山西、陕西及内蒙古等地区可作为推广煤制氢与 CCUS 技术集成应用的优先区域；煤制氢与 CCUS 技术集成应用面临的挑战主要包括缺乏公众认可度以及与可再生能源之间的竞争。

未来中国应加强针对煤制氢与 CCUS 技术集成应用产业的顶层设计及相关技术的科普宣传，积极推进煤制氢与 CCUS 技术集成应用方面的研发和示范，为中国氢能产业的发展提供保障。

151. 什么是二氧化碳地质利用技术？

二氧化碳地质利用（CO_2 Geological Utilization，CGU）技术是指将二氧化碳注入地下，利用地下矿物或地质条件生产或强化有利用价值的产品，且相对于传统工艺可减少二氧化碳排放的过程。目前，二氧化碳地质利用包括二氧化碳强化石油开采、二氧化碳驱替煤层气、二氧化碳强化天然气开采、二氧化碳增强页岩气开采、二氧化碳增强地热系统、二氧化碳铀矿浸出增采、二氧化碳强化深部咸水开采。

152. 什么是二氧化碳驱替煤层气？

二氧化碳驱替煤层气（CO_2-Enhanced Coalbed Methane Recovery，CO_2-ECBM）是指将从排放源捕集到的二氧化碳注入深部暂不可开采煤层中进行封存，同时将煤层气驱替出来加以利用的过程。

153. 什么是二氧化碳驱提高石油采收率？

二氧化碳驱提高石油采收率（CO_2-Enhanced Oil Recovery，CO_2-EOR）是指将超临界或液相二氧化碳注入常规方法难以开采的油藏，利用其与原油的物理化学作用，导致原油的性质、油藏的性质和油藏的流体孔隙压力发生变化，实现增产石油、提高石油采收率的过程。

CO_2-EOR 可分为混相驱油和非混相驱油。当地层压力高于二氧化碳与原油的最小混相压力时，称之为混相驱油。当地层压力低于最小混相压力时，称之为非混相驱油。

混相驱替是指在多孔介质中，注入液与被驱替液成分不完全相同但二者却能完全互溶，从而降低被驱替液的黏度与吸附性，发生驱替。在石油开采领域，混相驱替是提高石油采收率的主要技术手段。

154. 什么是二氧化碳铀矿浸出增采?

二氧化碳铀矿浸出增采（CO_2-Enhanced Uranium Leaching，CO_2-EUL）是指将二氧化碳与溶浸液注入砂岩型铀矿层，通过抽注平衡维持溶浸流体在铀矿床中的运移和含铀矿的选择性溶解，在采出铀矿的同时实现二氧化碳封存的过程。

155. 什么是二氧化碳驱提高页岩气采收率?

二氧化碳驱提高页岩气采收率（CO_2-Enhanced Shale Gas Recovery，CO_2-ESGR）是指利用二氧化碳代替水来压裂页岩，并利用二氧化碳吸附页岩能力比甲烷强的特点，置换甲烷，从而提高页岩气采收率并实现二氧化碳地质封存的过程。

156. 什么是二氧化碳驱提高天然气采收率?

二氧化碳驱提高天然气采收率（CO_2-Enhanced Natural Gas Recovery，CO_2-EGR）是指将二氧化碳注入到即将枯竭的天然气藏底部恢复地层压力，将因自然衰竭而无法开采的残存天然气驱替出来，从而提高采收率，同时将二氧化碳封存于气藏地质构造中实现减排的过程。

157. 什么是环境风险?

环境风险（Environmental Risk）是指二氧化碳捕集、利用与封存过程中产生的环境风险，包括但不限于捕集环节由于额外能耗增加导致的大气污染物排放，吸附溶剂使用后残留废弃物造成的二次污染；运输和利用环节可能发生的突发性泄漏导致的局地生态环境破坏和对周边人群健康的威胁；封存环节如果工艺选择或封存场地选址不当，可能发生二氧化碳的突发性或缓慢性泄漏，从而引发地下水污染、土壤酸化、生态破坏等一系列环境问题。

158. 什么是环境风险评估?

环境风险评估（Environmental Risk Assessment，ERA）是指对二氧化碳捕集、利用与封存项目建设、运行期间及场地关闭后发生的可预测突发性事件或事故（一般不包括人为破坏及自然灾害）引起二氧化碳及其他有毒有害、易燃易爆物质泄漏，或突发事件产生的新的有毒有害物质，所造成的对人群健康与环境影响和损害进行评估，提出防范、应急与减缓措施。

159. 二氧化碳捕集、利用与封存环境风险评估流程是什么？

（1）确定环境风险评估范围。

（2）系统地识别潜在的环境风险源和环境风险受体。

（3）确定环境本底值。在评估范围内，分析确定项目涉及的常规污染物、特征污染物和二氧化碳等监测因子，明确监测范围及主要内容，依据有关监测技术方法，确定具体的环境本底值。

（4）开展环境风险评估。

（5）确定环境风险水平，对环境风险水平不可接受的项目，针对存在的问题，调整工程设计方案，进行再评估，直至环境风险降至可接受风险水平。

（6）对环境风险水平评估为可接受水平的项目，采取环境风险防范及应急措施。

160. 海洋封存二氧化碳方法有哪些？

海洋封存 CO_2 的方法很多，也很复杂，其中最主要的方式有三种：海洋水柱封存、海洋沉积物封存以及生物封存。

（1）海洋水柱封存是指利用船舶与管道直接将二氧化碳注入到海水中，当水深在 1000—2500 米的区域，在压力的作用下，二氧化碳能很好地溶解于水中。这个深度为二氧化碳的临界深度，二氧化碳不易上浮到大气之中。当水深大于 2500 米时，二氧化碳变为液态且密度远远大于海水，二氧化碳下沉在低洼处聚集形成特殊的"碳湖"。

（2）海洋沉积物封存是指在低温高压的深海环境下，二氧化碳会形成一种晶状水合物，这种状态下二氧化碳溶解速率小，减少海底沉积物孔隙度与渗透率，阻止二氧化碳向上扩散，从而达到封存二氧化碳的目的。

（3）生物封存是指向海洋中投放营养素来增加浮游生物的数量，浮游生物通过光合作用，将二氧化碳转为有机碳形式，从而使得大气中的二氧化碳减少，实现二氧化碳的封存。

161. 什么是二氧化碳矿物碳化封存技术？

二氧化碳矿物碳化封存技术（又称矿物封存或矿物碳化固定技术）主要是模仿自然界中钙/镁硅酸盐矿物的风化过程，即利用通常存在于天然硅酸盐矿石中的碱性氧化物，如氧化镁和氧化钙将二氧化碳固化成稳定的无机碳酸盐从而达到将二氧化碳固定的目的。

162. 碳中和是纯粹的技术问题吗？

碳中和不是单纯的技术问题，也是经济学和管理学问题。《中国 2030 年前碳达峰研究报告》指出，中国要在 2028 年左右实现全社会碳达峰，峰值控制在 109 亿吨左右。这意味着中国从 109 亿吨碳排放降到零碳排放，也就是实现碳中和只有 30 年的时间。而美国从 61 亿吨碳排放降到零碳排放预计用 43 年（2007 年碳达峰、目标 2050 年碳中和），欧盟从 45 亿吨碳排放到零碳排放，需要 60 年。因此，中国要完成碳中和的使命，所经历的变革，不管是技术变革还是经济社会变革必然是剧烈的。综上所述，如何在不同行业和地区进行有效配置？要采用什么样的路径，制定什么样的技术和产业政策？如何从技术上寻求突破，寻求哪些突破？都是亟须解决的关键问题。

163. 如何加强碳达峰碳中和科技支撑？

加强碳达峰碳中和科技支撑涉及基础研究、技术研发、应用示范、成果推广、人才培养、国际合作等多个方面，《科技支撑碳达峰碳中和实施方案（2022—2030 年）》提出了 10 项具体行动。

（1）能源绿色低碳转型科技支撑行动。立足以煤为主的资源禀赋，抓好煤炭清洁高效利用，增加新能源消纳能力，推动煤炭和新能源优化组合，保障国家能源安全并降低碳排放。

（2）低碳与零碳工业流程再造技术突破行动。是以原料燃料替代、短流程制造和低碳技术集成耦合优化为核心，引领高碳工业流程的零碳和低碳再造。

（3）建筑交通低碳零碳技术攻关行动。是以围绕交通和建筑行业绿色低碳转型目标，以脱碳减排和节能增效为重点，大力推进低碳零碳技术研发与推广应用。

（4）负碳及非二氧化碳温室气体减排技术能力提升行动。聚焦提升 CCUS（二氧化碳捕集、利用与封存）、绿色碳汇、蓝色碳汇等负碳技术能力，对甲烷、氧化亚氮等非二氧化碳温室气体监测和减量替代技术进行针对性部署。

（5）前沿颠覆性低碳技术创新行动。围绕驱动产业变革的目标，聚焦基础研究最新突破，加快培育颠覆性技术创新路径，引领实现产业和经济发展方式的迭代升级。

（6）低碳零碳技术示范行动。形成一批可复制可推广的先进技术引领的节能减碳技术综合解决方案，并开展一批典型低碳技术应用示范，促进低碳技术成果转移转化。

（7）碳达峰碳中和管理决策支撑行动。加强碳减排监测、核查、核算、评估技术体系研究建议，提出不同产业门类、区域的碳达峰碳中和发展路径和技术支撑体系。

（8）碳达峰碳中和创新项目、基地、人才协同增效行动。着力加强国家科技计划对低碳科技创新的系统部署，推动国家绿色低碳创新基地建设和人才培养，加强项目、基地和人才协同，提升创新驱动合力和国家创新体系整体效能。

（9）绿色低碳科技企业培育与服务行动。加快完善绿色低碳科技企业孵化服务体系，培育一批低碳科技领军企业，优化绿色低碳领域创新创业生态。

（10）碳达峰碳中和科技创新国际合作行动。持续深化低碳科技创新领域国际合作，构建国际绿色技术创新国际合作网络，支撑构建人类命运共同体。

164. 中国如何加快绿色低碳科技创新行动?

发挥科技创新的支撑引领作用，完善科技创新体制机制，强化创新能力，加快绿色低碳科技革命。

（1）完善创新体制机制。制定科技支撑碳达峰碳中和行动方案，在国家重点研发计划中设立碳达峰碳中和关键技术研究与示范等重点专项，采取"揭榜挂帅"机制，开展低碳零碳负碳关键核心技术攻关。将绿色低碳技术创新成果纳入高等学校、科研单位、国有企业有关绩效考核。强化企业创新主体地位，支持企业承担国家绿色低碳重大科技项目，鼓励设施、数据等资源开放共享。推进国家绿色技术交易中心建设，加快创新成果转化。加强绿色低碳技术和产品知识产权保护。完善绿色低碳技术和产品检测、评估、认证体系。

（2）加强创新能力建设和人才培养。组建碳达峰碳中和相关国家实验室、国家重点实验室和国家技术创新中心，适度超前布局国家重大科技基础设施，引导企业、高等学校、科研单位共建一批国家绿色低碳产业创新中心。创新人才培养模式，鼓励高等学校加快新能源、储能、氢能、碳减排、碳汇、碳排放权交易等学科建设和人才培养，建设一批绿色低碳领域未来技术学院、现代产业学院和示范性能源学院。深化产教融合，鼓励校企联合开展产学合作协同育人项目，组建碳达峰碳中和产教融合发展联盟，建设一批国家储能技术产教融合创新平台。

（3）强化应用基础研究。实施一批具有前瞻性、战略性的国家重大前沿科技项目，推动低碳零碳负碳技术装备研发取得突破性进展。聚焦化石能源绿色智能开发和清洁低碳利用、可再生能源大规模利用、新型电力系统、节能、氢能、储能、动力电池、二氧化碳捕集利用与封存等重点，深化应用基础研究。积极研发先进核电技术，加强可控核聚变等前沿颠覆性技术研究。

（4）加快先进适用技术研发和推广应用。集中力量开展复杂大电网安全稳定运行和控制、大容量风电、高效光伏、大功率液化天然气发动机、大容量储能、低成本可再生能源制氢、低成本二氧化碳捕集利用与封存等技术创新，加快碳纤维、气凝胶、特种钢材等基础材料研发，补齐关键零部件、元器件、软件等短板。推广先进成熟绿色低碳技术，开展示范应用。建设全流程、集成化、规模化二氧化碳捕集利用与封存示范项目。推进熔盐储能供热和发电示范应用。加快氢能技术研发和示范应用，探索在工业、交通运输、建筑等领域规模化应用。

165. 低碳零碳工业流程再造技术有哪些？

（1）低碳零碳钢铁。研发全废钢电炉流程集成优化技术、富氢或纯氢气体冶炼技术、钢－化一体化联产技术、高品质生态钢铁材料制备技术。

（2）低碳零碳水泥。研发低钙高胶凝性水泥熟料技术、水泥窑燃料替代技术、少熟料水泥生产技术及水泥窑富氧燃烧关键技术等。

（3）低碳零碳化工。针对石油化工、煤化工等高碳排放化工生产流程，研发可再生能源规模化制氢技术、原油炼制短流程技术、多能耦合过程技术，研发绿色生物化工技术以及智能化低碳升级改造技术。

（4）低碳零碳有色冶金。研发新型连续阳极电解槽、惰性阳极铝电解新技术、输出端节能等余热利用技术，金属和合金再生料高效提纯及保级利用技术，连续铜冶炼技术，生物冶金和湿法冶金新流程技术。

（5）资源循环利用与再制造。研发废旧物资高质循环利用、含碳固废高值材料化与低碳能源化利用、多源废物协同处理与生产生活系统循环链接、重型装备智能再制造等技术。

166. 适应气候变化的技术有哪些？

（1）在促进农业适应气候变化领域的技术措施，调整农业结构和种植制度；推广高效节水灌溉技术和旱作节水技术，加大节水灌溉机具设备的补贴力度，提高农业供水保证率；推广抗逆新品种，实施优势农产品区域布局规划，加大良种补贴力度；逐步建立草原生态补偿机制，在草原牧区进一步落实草畜平衡和禁牧、休牧、划区轮牧等草原保护制度，以恢复天然草原植被并防治草原退化。

（2）水资源适应性措施分为工程措施和非工程措施两大类，工程措施包括防洪减淤工程、防旱减灾工程、水资源开发利用工程、水资源保护工程、水土保持生态建设工程，以及城市防洪工程及雨洪收集和就地消化系统等工程；非工程措施包括防洪抗旱体系建设、节水型社会建设和水资源统一管理制度建设，健全基层水利服务体系，积极推进水价改革等。

（3）陆地生态系统采取的适应性措施主要包括：加强天然林保护、京津风沙源治理、"三北"防护林、长江、珠江和太行山绿化防护林等重点工程建设；实施退耕还林工程；在气候变化高风险区域建立自然保护区，加强对陆地生态系统的管理和保护力度；加强退化生态系统的恢复与重建，降低气候变化风险；加强湿地生态系统的保护与管理，增强防御气候变化风险的能力；建立健全国家陆地生态系统综合监测体系等。

（4）海岸带与海洋生态系统适应气候变化的措施主要有：加强海岸带和沿海地区适应海平面上升的基础防护能力建设；完善和加高加固海堤，以防御台风和风暴潮，并建立防台风和风暴潮的应急机制；完善相关法律法规和政策，不断强化海洋生态保护与修复工作。

（5）人体健康领域适应气候变化的措施包括：建立疫情及突发公共卫生事件的网络直报系统，建立极端天气气候事件与健康监测网络，对发生的极端天气气候事件所导致的健康危害进行实时监测、分析和评估，加强全国现有天气和健康监测能力建设，拓展监测内容；增加对公共卫生系统的投资，建立健全突发公共卫生应急机制、疾病预防控制体系和卫生监督执法体系；大力开展气候变化对人体健康影响的科普宣传与培训。

167. 什么是人工光合作用技术？

人工光合作用技术，即通过光催化剂，利用太阳能分解水，高效产生氢气和氧气的技术。不仅如此，这种技术还能将生成的氢气与工厂排放的二氧化碳通过合成催化剂进行合成，从而生产有机化合物（烯烃），作为塑料等化学制品的原料。

人工光合作用的灵感来自于植物的"光合作用"。光合作用，通常是指绿色植物（包括藻类）吸收光能，把二氧化碳和水合成富能有机物，同时释放氧气的过程。人工光合作用则是以二氧化碳和水为原料，利用太阳能合成化学品。

168. 人工光合作用技术有什么优点？

人工光合作用技术的优点主要表现在以下三个方面：

（1）减少二氧化碳排放。就像植物光合作用一样，人工光合作用在产生有机化合物的过程中，也会吸收二氧化碳，因此，使用人工光合作用必然会降低二氧化碳的排放。

（2）解决能源问题。化工产品的制造会消耗大量化石资源。而化石资源作为不可再生能源，必然会面临资源枯竭的风险。因此，如果人工光合作用能够实现应用，这项技术生产的烯烃就能用作塑料等化学产品的原料，就可以在一定程度上缓解资源枯竭的风险。此外，如果能利用这项技术生产甲醇等液体燃料，就能够将其应用于汽车，而无须再从化石资源中提取汽油。

（3）解决粮食问题。如果能通过人工光合作用生产可食用蛋白质，就能构建食物的自动生产机制，有望解决人口增长所带来的粮食问题。根据德国科研人员发表的论文，利用太阳光的能量培养微生物，其合成食物的效率比大豆等作物高十倍以上。

169. 人工光合作用技术的发展面临什么问题?

光催化技术是人工光合作用技术的关键。当光催化剂受到阳光（主要是紫外线）照射，就会释放电子，释放后便会产生空穴（正孔）。空穴会氧化水，产生氧气，而释放的电子会还原水，产生氢气。光催化剂产生的氢气或氧气与其所接受的太阳光的比例被称为"太阳能转化效率"（转化效率）。要实现应用，转化效率至少要达到10%。但截至2021年，能源的转化效率仅为7%左右。

在实现高转化换效率的同时，还需要解决低成本量产的问题。只有当技术开发能够同时满足"高转化效率"和"低成本量产"时，人工光合作用技术的推广应用才有可能成为现实。

170. 什么是人工光合作用项目"ARPChem"?

人工光合作用项目"ARPChem"是日本为实现人工光合作用的应用，举国之力开展的项目。2012年，日本以经济产业省为主体成立了"人工光合作用化学工艺技术研究会（ARPChem）"。从2014年起，新能源产业技术综合开发机构（NEDO）接管了其运营和管理。ARPChem旨在建立一套工艺，利用太阳光和光催化剂生产氢气，进一步将其与二氧化碳合成，以生产化学产品原材料。许多企业、大学和研究机构都参与了ARPChem的研究。该项目始于2014年，以光催化为中心，展开了人工光合作用相关的一系列工艺的研发工作。成员企业和研究机构集思广益，以各自的技术优势推进开发工作，到2021年，项目取得了一些研究成果，其中包括全球首例成功进行人工光合作用的大规模示范实验。

第五部分　产业篇

C

一、第一产业

171. 什么是农业碳汇？

农业碳汇是指通过改善农业管理、改变土地利用方式、育种技术创新、植树造林等方式，吸收二氧化碳的过程、活动或机制。

172. 农业农村减排固碳实施的重点任务是什么？

（1）种植业节能减排。在强化粮食安全保障能力的基础上，优化稻田水分灌溉管理，降低稻田甲烷排放。推广优良品种和绿色高效栽培技术，提高氮肥利用效率，降低氧化亚氮排放。

（2）畜牧业减排降碳。推广精准饲喂技术，推进品种改良，提高畜禽单产水平和饲料报酬，降低反刍动物肠道甲烷排放强度。提升畜禽养殖粪污资源化利用水平，减少畜禽粪污管理的甲烷和氧化亚氮排放。

（3）渔业减排增汇。发展稻渔综合种养、大水面生态渔业、多营养层次综合养殖等生态健康养殖模式，减少甲烷排放。有序发展滩涂和浅海贝藻类增养殖，建设国家级海洋牧场，构建立体生态养殖系统，增加渔业碳汇潜力。推进渔船渔机节能减排。

（4）农田固碳扩容。落实保护性耕作、秸秆还田、有机肥施用、绿肥种植等措施，加强高标准农田建设，加快退化耕地治理，加大黑土地保护力度等，提升农田土壤的有机质含量。发挥果园茶园碳汇功能。

（5）农机节能减排。加快老旧农机报废更新力度，推广先进适用的低碳节能农机装备，降低化石能源消耗和二氧化碳排放。推广新能源技术，优化农机装备结构，加快绿色、智能、复式、高效农机化技术装备普及应用。

（6）可再生能源替代。因地制宜推广应用生物质能、太阳能、风能、地热能等绿色用能模式，增加农村地区清洁能源供应。推动农村取暖炊事、农业生产加工等用能侧可再生能源替代，强化能效提升。

173. 碳中和背景下畜牧业的低碳转型方向是什么?

（1）优化饲草资源配置和布局。为实现碳中和目标，优化饲草资源配置和布局，减少饲料作物碳排放至关重要。利用中低产田、退耕地、盐碱地、荒地等闲置土地资源和边疆地区、贫困地区等边际土地，充分挖掘苜蓿等优质牧草生产潜力；加强禾本科羊草、燕麦草等其他饲草资源开发利用，实现"牧草替粮"与"草饲互补"齐头并进；同时，利用饲料间的组合效应，挖掘秸秆等副产物的营养价值，缓解中国粗饲料资源短缺，促进饲草作物种植与草食动物养殖匹配发展，实现畜牧业低消耗、低排放、高效率的养殖。

（2）加强减排关键技术或设备研发。通过提供补充饲料或使用饲料添加剂等方式改变饲料组成，提高饲草料转化率或控制草食动物瘤胃的肠道发酵活动，减少单位畜产品温室气体排放量。同时，实施化肥减量增效技术，开发"零碳"肥料，提高牧草种植效率；加大畜禽粪污干湿分离技术的研发，根据不同区域不同气候，研发适宜的堆肥技术和还田方式，从源头和循环利用协同减少温室气体排放；推广环保节能新设备和低能耗冷链技术，建立高效绿色低碳的物流体系。

（3）积极实施绿色能源替代工程。积极实施绿色能源替代工程，有利于中国实现碳达峰碳中和目标。在饲料加工环节，扩大清洁能源代替传统化石能源的比例，促进能源结构低碳转型，发展绿色加工模式。同时，在肉蛋奶消费环节，改善饮食结构，推行食物碳标签标志，引导低碳绿色消费行为。此外，在废弃物处理环节，开展秸秆、畜禽粪便等废弃物处理工程，减少畜牧养殖过程的温室气体排放。

174. 减少非二氧化碳温室气体排放对实现碳达峰碳中和目标有何意义?

农业是非二氧化碳温室气体（主要指甲烷和氧化亚氮）的主要排放源，排放量占全球人类源温室气体排放总量的 10%—12%。甲烷和氧化亚氮是大气中仅次于二氧化碳的两种重要的温室气体。在世纪尺度上，甲烷和氧化亚氮的增温潜势分别是二氧化碳的 34 倍和 298 倍。因此，促进甲烷、氧化亚氮等非二氧化碳类温室气体尽快达峰并持续减排，可以为实现碳中和目标留出更多时间，对碳中和无疑具有积极意义。

175. 什么是海洋碳汇?

蓝碳，又称海洋碳汇（Ocean Carbon Sink），是指红树林、盐沼、海草床、浮游植物、大型藻类、贝类等从空气或海水中吸收并储存大气中二氧化碳的过程、活动和机制。

176. 海洋在固碳方面的作用是什么?

海洋在固碳方面具有无可替代的重要地位。海洋储存了地球上约93%的二氧化碳,且每年可以清除30%以上排放到大气中的二氧化碳,是地球上最大的碳汇。促进海洋碳汇发展,开发海洋负排放潜力是实现碳达峰碳中和目标的重要路径。

177. 海洋碳汇如何交易?

2021年7月,厦门产权交易中心设立了中国首个海洋碳汇交易平台。2021年9月12日,红树林生态修复项目2000吨海洋碳汇在厦门产权交易中心海洋碳汇交易平台顺利成交,这是福建首宗海洋碳汇交易。此外,海南国际碳排放权交易中心(以下简称"海碳中心")于2022年3月获批设立。海碳中心将通过海洋碳汇(即"蓝碳")产品的市场化交易,推动海南的蓝碳方法学成为国际公认标准,并纳入国际海洋治理体系。同时,为各类碳金融产品提供有力的资本市场基础支撑平台。未来,将会有更多平台可以交易"蓝碳"。

178. 中国发射的首颗陆地生态系统碳监测卫星情况如何?

2022年8月4日11时08分,陆地生态系统碳监测卫星搭载长征四号乙运载火箭成功发射。陆地生态系统碳监测卫星"句芒号"配置多波束激光雷达、多角度多光谱相机、超光谱探测仪等载荷,支持获取植被高度、植被面积、大气PM2.5含量等数据,有助于提高碳汇计量的效率和精度。

"句芒号"是中国空间基础设施中切实服务国家碳达峰碳中和战略的核心卫星之一,将为中国实现碳达峰碳中和战略目标提供有力的遥测数据支撑。作为世界首颗森林碳汇主被动联合观测遥感卫星,能实现对森林植被生物量、气溶胶分布、叶绿素荧光的高精度定量遥感测量,该星的成功发射标志着中国碳汇监测进入遥感时代。

"句芒号"的用途非常广泛,将应用于陆地生态系统碳监测、陆地生态和资源调查监测、国家重大生态工程监测评价、大气环境监测和气候变化中气溶胶作用研究等工作。此外,"句芒号"还将服务高程控制点获取、灾害监测评估、农情遥感监测等需求,显著提高中国陆地遥感定量化水平。

179. 什么是草地碳汇? 中国草地碳汇的潜力如何?

草地碳汇指草本植物将吸收的二氧化碳固定在土壤碳库的过程和机制。

草地生态系统作为分布广泛的类型之一,在陆地生态系统中占据着重要地位。中国草地资源丰富，天然草地的面积约占国土面积的 40%，主要位于西部、西北部和北部地区，其植被碳储量为中国陆地生态系统植被层碳储量的 2.65%—13.58%。草原植物根系庞大，地下生物量占很大的比例。很多碳循环过程发生于土壤中，且碳转化速率较慢。根据政府间气候变化专门委员会（IPCC）发布的评估报告，1 公顷天然草地每年能固碳 1.3 吨，等于减少二氧化碳排放量 6.9 吨。中国草地面积约 400 万平方千米，每年约能固碳 5.2 亿吨，等同于每年减少 27.6 亿吨二氧化碳，为中国碳排放量的 30%—50%。因此，中国草地生态系统具有非常深厚的碳汇潜力，开发草业碳汇价值，充分发挥草地生态系统的功能，对二氧化碳减排具有非常深远的意义。

180. 什么是森林？

中国森林的定义是指林地面积大于等于 0.067 公顷（约 1 亩），郁闭度大于等于 0.2，就地生长高度大于等于 2 米的以树木为主体的生物群落，包括天然林与人工幼林，符合这一标准的竹林，以及特别规定的灌木林，行数大于等于 2 行且行距小于等于 4 米或冠幅投影宽度大于 10 米的林带。

联合国粮食及农业组织将森林定义为："面积在 0.5 公顷以上、树木高于 5 米、林冠覆盖率超过 10%，或树木在原生境能够达到这一阈值的土地。不包括主要为农业和城市用途的土地。"

181. 什么是森林资源？

森林资源包括森林、林木、林地以及依托森林、林木、林地生存的野生动物、植物和微生物。

182. 什么是森林资源连续清查？

森林资源连续清查是以宏观掌握森林资源现状及其动态变化，客观反映森林的数量、质量、结构和功能为目的，以省（自治区、直辖市，以下简称省）或重点国有林区林管理局为单位，设置固定样地为主进行定期复查的森林资源调查方法，简称一类调查。

183. 什么是森林资源规划设计调查？

森林资源规划设计调查是以森林经营管理单位或行政区域为调查总体，查清森林、林木和林地资源的种类、分布、数量和质量，客观反映调查区域森林经营管理状况，为编制森林经营方案、开展林业区划规划，指导森林经营管理等需要进行的调查活动，简称二类调查。

184. 中国森林可分为哪些林种？

（1）防护林：以防护为主要目的的森林、林木和灌木丛，包括水源涵养林，水土保持林，防风固沙林，农田、牧场防护林，护岸林，护路林。

（2）用材林：以生产木材为主要经营目的的森林、林木和灌木林，包括以生产竹材为主要目的的竹林。

（3）经济林：以生产果品、食用油料、饮料、调料、工业原料和药材等为主要经营目的的森林、林木和灌木林。

（4）薪炭林：以生产热能燃料、原料为主要经营目的的森林、林木和灌木林。

（5）特种用途林：以保存物种资源、保护生态环境，用于国防、森林旅游、科学试验等为主要经营目的的森林、林木和灌木林，包括国防林、实验林、母树林、环境保护林、风景林、名胜古迹和革命纪念林和自然保护区的森林。

185. 什么是林地？

林地包括郁闭度 0.2 以上的乔木林地以及竹林地、灌木林地、疏林地、未成林造林地、苗圃地、县级以上人民政府规划的宜林地。

（1）有林地：包括乔木林地和竹林地。①乔木林地：乔木是指具有明显直立的主干，通常高在 3 米以上，又可按高度不同分为大乔木、中乔木和小乔木。由郁闭度 0.2 以上（含 0.2）的乔木树种（含乔木经济树种）组成的片林或林带，连续面积大于 1 亩的林地称为乔木林地；②竹林地：由胸径 2 厘米（含 2 厘米）以上的竹类植物构成，郁闭度 0.2 以上的林地。

（2）灌木林地：由灌木树种构成，以培育灌木为目标的或分布在乔木生长范围以外，以及专为防护用途，覆盖度大于或等于 30% 的林地。包括人工灌木林地和天然灌木林地两类。

（3）疏林地：由乔木树种组成，郁闭度 0.10—0.19 的林地及人工造林 3 年、飞播造林 5 年后，保存株数达到合理株数的 41%—79% 的林地；或低于有林地划分的株数标准，但达到该标准株数 40% 以上的天然起源的林地。

（4）未成林造林地：造林后保存株数大于或等于造林设计株数的 85%，尚未郁闭但有成林希望的新造林地（一般指造林后不满 3—5 年或飞播后不满 5—7 年的造林地）。

（5）苗圃地：固定的林木花卉、育苗用地。

（6）宜林地：经县级以上人民政府规划为林地的土地。包括宜林荒山荒地、宜林沙荒地、其他宜林地。

（7）辅助生产林地：直接为林业生产服务的工程设施与配套设施用地。

186. 什么是林木？什么是林龄？

林木是森林中所有乔木的总称，是构成森林的主体。它决定森林的外貌和内部基本特征，以及森林的经济意义和影响环境的作用，是森林经营管理中的主要工作对象。

林龄一般是指林分的平均年龄，有两种表示方法：一种是林分中占优势部分树木的平均年龄，称林分优势年龄；另一种是全部林木的平均年龄，称林分平均年龄。森林按年龄结构的不同可分为同龄林和异龄林。林分内林木年龄相同或相差在一个龄级以内的，称为同龄林；年龄相差一个龄级以上的称为异龄林。

187. 什么是优势树种？什么是先锋树种？

优势树种是指在某个林区，某个林分或某个林木群体中，某个树种在数量（株数或蓄积量）上占优势地位的称为优势树种。

先锋树种是指能在荒山瘠薄地等立地条件差的地方最先自然生长成林的树种。

188. 什么是森林覆盖率？什么是郁闭度？

森林覆盖率是指全国或一个地区森林面积占土地面积的百分比。（有林地面积＋国家特别规定灌木林面积）÷土地总面积 ×100% 得出的数称为森林覆盖率。

郁闭度也称林冠层盖度，是描述乔木层树冠连接程度的指标，以林冠层的投影面积与林地面积之比表示。郁闭度的最大值为 100%，表示树冠层全部连接起来，形成完全郁闭的状态，林冠层完全覆盖了地表。

189. 什么是林业生态环境建设？

林业生态环境建设是指从国土整治的全局和国家可持续发展的需要出发，以维持和再造良性生态环境以及维护生物多样性和具代表性的自然景观为目的，在一个地域或跨越一个地区范围内，建设有重大意义的防护林体系、自然保护区和野生动植物保护等项目，并管护好现有的森林资源。

190. 什么是人工林？什么是天然林？

人工林是指采用人工播种、栽植或扦插等方法和技术措施营造培育而成的森林。

天然林是指由天然下种或萌芽而形成的森林。

191. 什么是原始林？什么是次生林？

原始林是指尚未经人类经营活动或人为破坏的天然森林。

次生林多指天然次生林，即原始林经过采伐或多次破坏后自然恢复起来的森林。

192. 什么是纯林？什么是混交林？

纯林，又称单纯林，是指由单一树种构成的，或混有其他树种但材积都分别占不到一成的林分，如杉木林、油松林、刺槐林等。

混交林是指两种以上的树种所构成的林分，其中每种树木在林内所占成数均不少于一成。

193. 什么是自留山、承包山、集体林？

自留山是集体划给个人长期、无偿使用的山林，所得收益归个人所有。

承包山是集体与个人签订了承包合同，在承包期限内经营管理和使用，向集体承担一定的责任和义务的山林。

集体林是未分到户仍由集体统一经营、管理和使用的森林，其如何经营管理，收益如何分配由村民大会或村民代表会议三分之二以上成员讨论决定。

194. 什么是森林碳储量和森林碳汇量？

森林碳储量是指截至某一个时点森林碳库中所积累的碳量，是碳的累积量。

森林碳汇量是指一定时期内森林碳库碳储量的变化量。碳储量是存量，碳汇量是净增量。

195. 什么是立木材积？什么是森林蓄积量？

立木材积是活立木或枯立木的带皮体积，是指自树干根基部到树梢、并大于一定胸径范围的主干带皮体积（材积），中国活立木材积测定最小起测胸径为 5.0 厘米。

森林蓄积量指一定森林面积上全部树木材积的总和，是反映一个国家或地区森林资源总规模和水平的基本指标之一，与木材安全、气候变化、动物栖息等密切相关，可为制定森林经营管理方案提供科学依据。由于植物光合作用吸收的二氧化碳一部分转化为有机质储存在林木树干中，因此森林蓄积量与森林碳储量有直接关系。

196. 中国为国土绿化行动开展实施了哪些措施?

世界经济论坛于 2020 年年会上发起"全球植万亿棵树领军者倡议",提出"在 2030 年前,保护、恢复和种植一万亿棵树"的目标任务。中国为响应倡议提出了"力争 10 年内种植、保护和恢复 700 亿棵树"的中国行动目标,包括种植 235 亿棵树,保护和恢复 465 亿棵树。为此,采取的一系列举措如下:

(1)科学推进国土绿化。印发《全国国土绿化规划纲要(2021—2030 年)》,明确国土绿化任务要求。完成造林绿化空间适宜性评估,全面摸清可造林空间区域。持续推进造林绿化落地上图,坚持带图斑申报、带位置下达计划,造林完成任务上图入库。

(2)统筹山水林田湖草沙系统治理。高质量实施重点区域生态保护和修复工程,抓好国土绿化试点示范项目、山水林田湖草沙一体化保护和修复工程,推进 66 个林草区域性治理项目建设。支持各地将地方重点生态工程与国家重大工程、重点项目有机衔接、协同推进。

(3)着力提升森林质量。落实森林经营规划和森林经营方案制度。全面保护天然林,加强天然林保护修复。制定印发《全国退化林修复规划(2021—2030 年)》。全面完成森林抚育和退化林修复任务。

(4)推进义务植树和部门绿化。持续推进"互联网 + 全民义务植树",加快义务植树基地建设,科学、节俭、务实地组织开展义务植树活动。积极开展森林城市、园林城市建设,稳步推进城乡绿化美化。抓好公路、铁路、河渠、堤坝绿色通道建设。推进绿色单位、校园、厂区、营区建设。

(5)创新政策机制。完善财政金融支持政策,鼓励地方采取以奖代补、贷款贴息等方式创新国土绿化投入机制。探索森林碳汇交易等生态产品价值实现机制。持续推进国家储备林建设。支持社会资本依法依规参与国土绿化和生态保护修复。

(6)全面推行林长制。将国土绿化、资源保护管理、森林草原灾害防控等纳入林长制督查考核,压实地方各级党委政府林草资源保护发展责任。建立完善绿化后期养护管护制度和投入机制,加强新造林地抚育管护、补植补造。加强林地用途管制。继续开展森林草原防火防虫包片蹲点。扎实开展松材线虫病疫情防控五年攻坚行动,加强美国白蛾等重大有害生物防治。

197. 中国国土绿化工作现状如何?

党的十八大以来,中国国土绿化工作取得明显成效。截至 2021 年,全国森林覆盖率达到 24.02%，森林蓄积量达到 194.93 亿立方米，森林面积和森林蓄积量连续保持"双增长"；完成种草改良 6.11 亿亩，草原综合植被盖度达到 50.32%，草原持续退化趋势得到初步遏制；完成防沙治沙 3 亿亩，土地沙化程度和风沙危害持续减轻，生态系统质量和稳定性不断提高，全社会生态意识明显增强。

198. 什么是经营林?

经营林是指所有人类干预和相互作用的森林（主要包括商业性管理、木材采伐和薪柴、商品木材的生产和利用以及为实现国家规定的景观或环境保护而管理的森林），具有确定的地理边界。

199. 什么是森林经营活动?

森林经营活动是指对现有森林进行科学培育以提高森林产量和质量的生产活动的总称。主要包括森林抚育、林木改造、采伐更新、护林防火及副产品利用等。广义的森林经营活动还包括林木病虫害防治、林场管理、产品销售、狩猎等。在林业生产中，森林经营工作范围广，持续时间长，要求在生态学基础上妥善解决森林中的种种矛盾，及时恢复森林，扩大森林资源，保护森林环境，促进森林生长，提高森林质量和各种有益效能，缩短培育林木时间，合理控制采伐量，逐步实现越采越多，越采越好，青山常在，永续利用。

200. 什么是抚育采伐? 什么是更新采伐?

抚育采伐是指根据森林生长和发育的规律，在不同龄期，伐除部分林木，为保留的林木创造良好的生长环境，更好地发挥其有益的效能。

更新采伐是指在森林的有益效能开始减退时所进行的一种采伐，这种采伐以不降低森林有益效能为前提，以保护防护效能和特种作用持续稳定地发挥。

201. 什么是封山育林? 封山育林区有哪八不准?

封山育林（封育）是指对具有天然下种或萌蘖能力的疏林、无立木林地、宜林地、灌丛实施封禁，保护植物的自然繁殖生长，并辅以人工促进手段，促使恢复形成森林或灌草植被；以及对低质、低效有林地、灌木林地进行封禁，并辅以人工促进经营改造措施，以提高森林质量的一项技术措施。

封山育林八不准是指：不准砍伐林木；不准柯枝砍柴；不准刨土取蔸；不准挖药割脂；不准毁林开荒；不准林内用火；不准打青积肥；不准放牧狩猎。

202. 什么是适地适树?

适地适树就是要使造林树种的生物学特性和造林地条件相适应,以充分发挥其生产潜力,使一定的营林地段在当前技术经济条件下达到较好的生产水平。

203. 林权如何分类?

林权分为:全民所有制单位林权和集体林权。

全民所有制单位林权是指全民所有制单位对国有森林的经营权,包括对国有森林的占有、使用、依法收益和法定范围内的处分权等诸项权能。国家授予一定的全民所有制单位经营的国有森林,全民所有制单位营造的林木,由该全民所有制单位享有经营权。

集体林权是指集体所有制的经济组织或单位对森林、林木和林地所享有的占有、使用、收益、处分的权利。法律规定属于集体所有的森林、林木和林地,集体所有制的经济组织或单位享有林权。

204. 林权怎么流转交易?对已经流转的集体山林如何处理?

林权流转指林地、林木所有权人或使用权人将可以流转的林地使用权、林木所有权和使用权依法全部或部分转移给其他公民、法人或者其他组织的行为。流转遵循自愿、平等、公开、依法的原则。流转可采取承包、租赁、转让、互换等方式进行,也可以依法继承、担保、入股或作为合资、合作的条件,可以通过招标、拍卖、挂牌、公开协商等方式进行流转。流转时自留山最长不超过 70 年,承包山流转不超过原承包期限,如发生再次流转的,流转期限不超过原流转期限的剩余期限。集体林流转应召开村民会议,拟订并公布流转方案,经村民代表三分之二以上成员同意后方可签订流转合同。

对已经流转的集体山林,凡程序合法、合同规范的,要予以维护;对群众意见较大的,要本着尊重历史、依法办事的原则,妥善处理。集体山林流转收益 70% 以上应平均分配给本集体经济组织内部成员。

205. 林木、林地承包经营权如何流转?应遵循什么原则?

取得林木、林地承包经营权后可以依法采取转包、出租、互换、转让或者其他形式流转。

林木、林地承包经营权流转应当遵循下列原则:(1)平等协商、自愿、有偿、任何组织和个人不得强迫和阻碍承包经营权的流转;(2)不得改变林地所有权的性质和林地的林业用途;（3）流转的期限不得超过承包期的剩余期限;（4）受让方必须有林业经营能力;（5）在同等条件下，本集体经济组织成员享有优先权。

206. 哪些单位和个人可以购买、租赁、承包森林资源？

国家鼓励各种社会主体跨所有制、跨行业、跨地区投资发展林业。凡有能力的农户、城镇居民、科技人员、私营企业主、外国投资者、企事业单位和机关团体的干部职工等，都可单独或合伙参与林业开发，从事林业建设。

207. 森林资源转让的程序是什么？

森林资源转让应按以下程序进行：

（1）国有森林资源的转让：①森林资源资产评估；②经省级以上人民政府林业主管部门审核同意后，再按土地管理规定办理出让手续；③会同转让人向核发原森林资源所有权或者使用权证书的县级以上人民政府林业主管部门申请办理权属变更手续。

（2）集体森林资源的转让：①已依法实行承包经营的，按《中华人民共和国农村土地承包法》的规定办理；未实行承包经营的，应当经本集体经济组织成员的村民会议三分之二以上成员或者村民代表会议三分之二以上村民代表的同意；②报县级以上人民政府林业主管部门审核同意。森林、林木使用权和林地使用权的转让期限为15年至70年。

208. 什么是林业碳汇？什么是林业碳汇项目？

林业碳汇是指通过森林保护、湿地管理、荒漠化防治、造林和更新造林、森林经营管理、采伐林产品管理等林业经营管理活动，稳定和增加碳汇量的过程、活动或机制。

林业碳汇项目是以增加森林碳汇量，或减少森林碳排放为主要目的的项目。林业碳汇项目主要包括造林、植被恢复、森林可持续经营、避免毁林和森林退化的项目。

209. 林业碳汇项目开发流程是什么？

（1）项目设计：由技术支持机构（咨询机构），按照国家有关规定，开展基准线识别、项目设计文件（Project Design Document，PDD）编制，以及准备申报备案必需的一整套证明材料及支持性文件。

（2）项目审定：由项目业主或咨询机构，委托国家发展改革委批准备案的审定机构，依据《温室气体自愿减排交易管理暂行办法》《温室气体自愿减排项目审定与核证指南》和选用的林业碳汇项目方法学，按照规定的程序和要求开展独立审定。

（3）批准备案：项目经审定后，由国家发展改革委委托专家进行评估，并依据专家评估意见对自愿减排项目备案申请进行审查，对符合条件的项目予以备案。

（4）项目实施与监测：根据项目设计文件、林业碳汇项目方法学和造林或森林经营项目作业设计等要求，开展营造林项目活动，并按备案的项目设计文件、监测计划、监测手册实施项目监测活动，测量营造林项目实际碳汇量，并编写项目监测报告，准备核证所需的支持性文件，用于申请减排量核证和备案。

（5）减排量核证：由业主或咨询机构，委托国家发展改革委备案的核证机构进行独立核证。审核合格的项目，核证机构出具项目减排量核证报告。

（6）备案签发：由国家发展改革委委托专家进行评估，并依据专家评估意见对自愿减排项目减排量备案申请材料进行联合审查，对符合要求的项目给予减排量备案签发。

210. 什么是基线情景、项目情景和额外性？

基线情景是指在没有林业碳汇项目时，能合理地代表项目区未来最可能发生的土地利用和管理的假定情景。

项目情景是指在林业碳汇项目活动下，项目边界内发生的土地利用和管理情景。

额外性是指林业碳汇项目克服资金、技术、生态等障碍，通过非常规做法使项目情景的碳汇量高于基线情景的碳汇量，或项目情景的排放量低于基线情景的排放量。

211. 什么是林业碳汇项目边界？

林业碳汇项目边界是指由拥有土地所有权或使用权的项目业主或其他项目参与方实施的林业碳汇项目活动的地理范围。一个项目活动可以在若干个不同的地块上进行，但每个地块都应有特定的地理边界。该边界不包括位于两个或多个地块之间的土地。项目边界包括事前项目边界和事后项目边界。事前项目边界是在项目设计和开发阶段确定的项目边界，是计划实施项目活动的边界。事后项目边界是在项目监测时确定的、经过核实的、实际实施的项目活动的边界。

212. 什么是毁林、造林和再造林？

毁林是指人类直接引发的林地向非林地的转变，这种转变是永久性的。如林地转换为农业用地。

造林是指在至少 50 年内非森林的土地上，通过直接的人为种植、播种和（或）人类对自然种籽源的促进，将其变为林地。这里的造林定义明确指出在过去 50 年内没有森林的土地上造林的活动才符合条件，要满足时间上的要求。

再造林是指在原来是林地但已转变为非林地的土地上，通过人工种植、播种和人类对自然种籽源的促进，直接导致非林地向林地的转变。在《京都议定书》第一个承诺期，再造林活动将限于在 1989 年 12 月 31 日以来无林地上重新植树造林。

213. 什么是林业碳票？

林业碳票是林地林木的碳减排量收益权的凭证，相当于一片森林的固碳释氧功能作为资产交易的"身份证"，具有商品属性。一片森林每年吸收多少吨二氧化碳，释放多少吨氧气，经第三方机构监测核算、专家审查、林业和相关部门审定，最终制发具有收益权的凭证就是林业碳票。该凭证被赋予交易、质押、兑现、抵消等权能。

214. 什么是中国国家森林公园？

中国国家森林公园是中国大陆境内森林公园的最高等级，指森林景观特别优美，人文景物比较集中，观赏、科学、文化价值高，地理位置特殊，具有一定的区域代表性，旅游服务设施齐全，有较高的知名度的场所。

215. 什么是生物多样性？

生物多样性是生物（动物、植物、微生物）与环境形成的生态复合体以及与此相关的各种生态过程的总和，包括生态系统、物种和基因三个层次。生物多样性关系人类福祉，是人类赖以生存和发展的重要基础。人类必须尊重自然、顺应自然、保护自然，加大生物多样性保护力度，促进人与自然和谐共生。

216. 湿地为什么被称为"地球之肾"？

湿地是水陆相互作用的特殊自然综合体，是世界上最具生产力和人类最重要的生存环境之一，与人类的生存、繁衍、发展息息相关。它不仅为人类的生产、生活提供多种资源，而且具有巨大的环境功能和效益，在抵御洪水、调节径流、蓄洪防旱、降解污染、调节气候、控制土壤侵蚀、促淤造陆、美化环境等方面有其他系统不可替代的作用，被誉为"地球之肾"。

217. 什么是自然保护区？自然保护区的保护对象是什么？

自然保护区是保护自然环境和自然资源，拯救和保护珍贵稀有或濒于灭绝的生物物种，保存有价值的自然历史遗迹，开展科学研究的重要基地，自然保护区类型有森林类型、野生动物类型、海洋类型、湿地类型等。

自然保护区以保护包含某个核心对象的陆地及水体为主要任务，所以，自然保护区应该保护的是有代表性的生态系统、珍稀濒危动物的天然集中分布区、水源涵养区、珍贵地质建造、地质剖面和化石产地等。一个国家的自然保护区体系，一般要求保护类型比较齐全、布局比较合理，这样生态效益和社会效益才比较明显。

218. 自然保护区分为哪三类？

（1）自然生态系统类自然保护区：是指以具有一定代表性、典型性和完整性的生物群落和非生物环境共同组成的生态系统作为主要保护对象的一类自然保护区。

（2）野生生物类自然保护区：是指以野生生物物种，尤其是珍稀濒危物种种群及其自然生境为主要保护对象的一类自然保护区。

（3）自然遗迹类自然保护区：是指以特殊意义的地质遗迹和古生物遗迹等作为主要保护对象的一类自然保护区。

二、第二产业

219. 什么是传统产业？传统产业发展趋势如何？

传统产业是指劳动力密集型的、以制造加工为主的行业，如制鞋、制衣服、光学、机械、制造业等行业。

传统产业是中国产业体系的重要组成部分。未来一个时期中国仍要高质量发展传统产业，下大力气推动钢铁、有色金属、石化、化工、建材等传统产业优化升级，加快工业领域低碳工艺革新和数字化转型。

220. 如何推动高耗能行业重点领域节能降碳改造升级？

（1）引导改造升级。对于能效在标杆水平特别是基准水平以下的企业，积极推广本实施指南、绿色技术推广目录、工业节能技术推荐目录、"能效之星"装备产品目录等提出的先进技术装备，加强能量系统优化、余热余压利用、污染物减排、固体废物综合利用和公辅设施改造，提高生产工艺和技术装备绿色化水平，提升资源能源利用效率，促进形成强大国内市场。

（2）加强技术攻关。充分利用高等院校、科研院所、行业协会等单位创新资源，推动节能减污降碳协同增效的绿色共性关键技术、前沿引领技术和相关设施装备攻关。推动能效已经达到或接近标杆水平的骨干企业，采用先进前沿技术装备谋划建设示范项目，引领行业高质量发展。

（3）促进集聚发展。引导骨干企业发挥资金、人才、技术等优势，通过上优汰劣、产能置换等方式自愿自主开展本领域兼并重组，集中规划建设规模化、一体化的生产基地，提升工艺装备水平和能源利用效率，构建结构合理、竞争有效、规范有序的发展格局，不得以兼并重组为名盲目扩张产能和低水平重复建设。

（4）淘汰落后产能。严格执行节能、环保、质量、安全技术等相关法律法规和《产业结构调整指导目录》等政策，依法依规淘汰不符合绿色低碳转型发展要求的落后工艺技术和生产装置。对能效在基准水平以下，且难以在规定时限通过改造升级达到基准水平以上的产能，通过市场化方式、法治化手段推动其加快退出。

221. 如何突出重点领域减污降碳协同增效？

（1）推进工业领域协同增效。实施绿色制造工程，推广绿色设计，探索产品设计、生产工艺、产品分销以及回收处置利用全产业链绿色化，加快工业领域源头减排、过程控制、末端治理、综合利用全流程绿色发展。推进工业节能和能效水平提升。依法实施"双超双有高耗能"企业强制性清洁生产审核，开展重点行业清洁生产改造，推动一批重点企业达到国际领先水平。研究建立大气环境容量约束下的钢铁、焦化等行业去产能长效机制，逐步减少独立烧结、热轧企业数量。大力支持电炉短流程工艺发展，水泥行业加快原燃料替代，石化行业加快推动减油增化，铝行业提高再生铝比例，推广高效低碳技术，加快再生有色金属产业发展。2025 年和 2030 年，全国短流程炼钢占比分别提升至 15%、20% 以上。2025 年再生铝产量达到 1150 万吨，2030 年电解铝使用可再生能源比例提高至 30% 以上。推动冶炼副产能源资源与建材、石化、化工行业深度耦合发展。鼓励重点行业企业探索采用多污染物和温室气体协同控制技术工艺，开展协同创新。推动碳捕集、利用与封存技术在工业领域应用。

（2）推进交通运输协同增效。加快推进"公转铁""公转水"，提高铁路、水运在综合运输中的承运比例。发展城市绿色配送体系，加强城市慢行交通系统建设。加快新能源车发展，逐步推动公共领域用车电动化，有序推动老旧车辆替换为新能源车辆和非道路移动机械使用新能源清洁能源动力，探索开展中重型电动、燃料电池货车示范应用和商业化运营。到 2030 年，大气污染防治重点区域新能源汽车新车销售量达到汽车新车销售量的 50% 左右。加快淘汰老旧船舶，推动新能源、清洁能源动力船舶应用，加快港口供电设施建设，推动船舶靠港使用岸电。

（3）推进城乡建设协同增效。优化城镇布局，合理控制城镇建筑总规模，加强建筑拆建管理，多措并举提高绿色建筑比例，推动超低能耗建筑、近零碳建筑规模化发展。稳步发展装配式建筑，推广使用绿色建材。推动北方地区建筑节能绿色改造与清洁取暖同步实施，优先支持大气污染防治重点区域利用太阳能、地热、生物质能等可再生能源满足建筑供热、制冷及生活热水等用能需求。鼓励在城镇老旧小区改造、农村危房改造、农房抗震改造等过程中同步实施建筑绿色化改造。鼓励小规模、渐进式更新和微改造，推进建筑废弃物再生利用。合理控制城市照明能耗。大力发展光伏建筑一体化应用，开展光储直柔一体化试点。在农村人居环境整治提升中统筹考虑减污降碳要求。

（4）推进农业领域协同增效。推行农业绿色生产方式，协同推进种植业、畜牧业、渔业节能减排与污染治理。深入实施化肥农药减量增效行动，加强种植业面源污染防治，优化稻田水分灌溉管理，推广优良品种和绿色高效栽培技术，提高氮肥利用效率。到2025年，三大粮食作物化肥、农药利用率均提高到43%。提升秸秆综合利用水平，强化秸秆焚烧管控。提高畜禽粪污资源化利用水平，适度发展稻渔综合种养、渔光一体、鱼菜共生等多层次综合水产养殖模式，推进渔船渔机节能减排。加快老旧农机报废更新力度，推广先进适用的低碳节能农机装备。在农业领域大力推广生物质能、太阳能等绿色用能模式，加快农村取暖炊事、农业及农产品加工设施等可再生能源替代。

（5）推进生态建设协同增效。坚持因地制宜，宜林则林，宜草则草，科学开展大规模国土绿化行动，持续增加森林面积和蓄积量。强化生态保护监管，完善自然保护地、生态保护红线监管制度，落实不同生态功能区分级分区保护、修复、监管要求，强化河湖生态流量管理。加强土地利用变化管理和森林可持续经营。全面加强天然林保护修复。实施生物多样性保护重大工程。科学推进荒漠化、石漠化、水土流失综合治理，科学实施重点区域生态保护和修复综合治理项目，建设生态清洁小流域。坚持以自然恢复为主，推行森林、草原、河流、湖泊、湿地休养生息，加强海洋生态系统保护，改善水生态环境，提升生态系统质量和稳定性。加强城市生态建设，完善城市绿色生态网络，科学规划、合理布局城市生态廊道和生态缓冲带。优化城市绿化树种，降低花粉污染和自然源挥发性有机物排放，优先选择乡土树种。提升城市水体自然岸线保有率。开展生态改善、环境扩容、碳汇提升等方面效果综合评估，不断提升生态系统碳汇与净化功能。

222. 如何开展减污降碳协同增效模式创新？

（1）开展区域减污降碳协同创新。基于深入打好污染防治攻坚战和碳达峰目标要求，在国家重大战略区域、大气污染防治重点区域、重点海湾、重点城市群，加快探索减污降碳协同增效的有效模式，优化区域产业结构、能源结构、交通运输结构，培育绿色低碳生活方式，加强技术创新和体制机制创新，助力实现区域绿色低碳发展目标。

（2）开展城市减污降碳协同创新。统筹污染治理、生态保护以及温室气体减排要求，在国家环境保护模范城市、"无废城市"建设中强化减污降碳协同增效要求，探索不同类型城市减污降碳推进机制，在城市建设、生产生活各领域加强减污降碳协同增效，加快实现城市绿色低碳发展。

（3）开展产业园区减污降碳协同创新。鼓励各类产业园区根据自身主导产业和污染物、碳排放水平，积极探索推进减污降碳协同增效，优化园区空间布局，大力推广使用新能源，促进园区能源系统优化和梯级利用、水资源集约节约高效循环利用、废物综合利用，升级改造污水处理设施和垃圾焚烧设施，提升基础设施绿色低碳发展水平。

（4）开展企业减污降碳协同创新。通过政策激励、提升标准、鼓励先进等手段，推动重点行业企业开展减污降碳试点工作。鼓励企业采取工艺改进、能源替代、节能提效、综合治理等措施，实现生产过程中大气、水和固体废物等多种污染物以及温室气体大幅减排，显著提升环境治理绩效，实现污染物和碳排放均达到行业先进水平，"十四五"期间力争推动一批企业开展减污降碳协同创新行动；支持企业进一步探索深度减污降碳路径，打造"双近零"排放标杆企业。

223. 如何加强减污降碳协同增效的组织实施？

（1）加强组织领导。各地区各有关部门要认真贯彻落实党中央、国务院决策部署，充分认识减污降碳协同增效工作的重要性、紧迫性，坚决扛起责任，抓好贯彻落实。各有关部门要加强协调配合，各司其职，各负其责，形成合力，系统推进相关工作。各地区生态环境部门要结合实际，制定实施方案，明确时间目标，细化工作任务，确保各项重点举措落地见效。

（2）加强宣传教育。将绿色低碳发展纳入国民教育体系。加强干部队伍能力建设，组织开展减污降碳协同增效业务培训，提升相关部门、地方政府、企业管理人员能力水平。加强宣传引导，选树减污降碳先进典型，发挥榜样示范和价值引领作用，利用六五环境日、全国低碳日、全国节能宣传周等广泛开展宣传教育活动。开展生态环境保护和应对气候变化科普活动。加大信息公开力度，完善公众监督和举报反馈机制，提高环境决策公众参与水平。

（3）加强国际合作。积极参与全球气候和环境治理，广泛开展应对气候变化、保护生物多样性、海洋环境治理等生态环保国际合作，与共建"一带一路"国家开展绿色发展政策沟通，加强减污降碳政策、标准联通，在绿色低碳技术研发应用、绿色基础设施建设、绿色金融、气候投融资等领域开展务实合作。加强减污降碳国际经验交流，为实现 2030 年全球可持续发展目标贡献中国智慧、中国方案。

（4）加强考核督察。统筹减污降碳工作要求，将温室气体排放控制目标完成情况纳入生态环境相关考核，逐步形成体现减污降碳协同增效要求的生态环境考核体系。

224. 产业结构调整与碳达峰碳中和有什么关系？

2021 年 10 月，中共中央、国务院印发《关于完整准确全面贯彻新发展理念做好碳达峰碳中和工作的意见》，把"深度调整产业结构"作为实现碳达峰碳中和的重要途径和重大任务，对产业结构优化升级提出了明确要求。产业结构调整的重点是提高第三产业（主要是服务业）比重，逐步降低第二产业（采矿业，制造业，电力、热力、燃气及水生产和供应业，建筑业）比重；第二产业内部结构调整的重点是在严格控制高耗能高排放行业增速的同时，提升低耗能低排放行业的比重；产品结构调整的重点是提升产品附加值，从而降低碳排放强度。实现碳达峰碳中和，是推动产业结构调整的强大推动力和倒逼力量，不仅对产业结构调整提出更加紧迫的要求，也为产业结构优化升级提供了重大战略机遇。

225. 碳达峰碳中和目标下工业部门的转型发展规划是什么？

工业是国民经济的命脉，冶金、建材、化工、装备制造等在提供丰富工业产品、满足生产生活需求的同时，也是碳排放的大户。工业碳排放不仅来自提供动力的化石能源燃烧，还包括工业过程产生的碳排放。

2022 年 8 月，工业和信息化部、国家发展改革委、生态环境部联合印发《工业领域碳达峰实施方案》（简称《实施方案》）。《实施方案》提出到"十四五"期间，筑牢工业领域碳达峰基础，到 2025 年，规模以上工业单位增加值能耗较 2020 年下降 13.5%，单位工业增加值二氧化碳排放下降幅度大于全社会下降幅度，重点行业二氧化碳排放强度明显下降。"十五五"期间，在实现工业领域碳达峰的基础上强化碳中和能力，基本建立以高效、绿色、循环、低碳为重要特征的现代工业体系。确保工业领域二氧化碳排放在 2030 年前达峰。

《实施方案》指出，"十四五"期间，产业结构与用能结构优化取得积极进展，能源资源利用效率大幅提升，建成一批绿色工厂和绿色工业园区，研发、示范、推广一批减排效果显著的低碳零碳负碳技术工艺装备产品，筑牢工业领域碳达峰基础。"十五五"期间，产业结构布局进一步优化，工业能耗强度、二氧化碳排放强度持续下降，努力达峰削峰，在实现工业领域碳达峰的基础上强化碳中和能力，基本建立以高效、绿色、循环、低碳为重要特征的现代工业体系。确保工业领域二氧化碳排放在2030年前达峰。

226. 如何明确工业降碳实施路径？

基于流程型、离散型制造的不同特点，明确钢铁、石化化工、有色金属、建材等行业的主要碳排放生产工序或子行业，提出降碳和碳达峰实施路径。推动煤炭等化石能源清洁高效利用，提高可再生能源应用比重。加快氢能技术创新和基础设施建设，推动氢能多元利用。支持企业实施燃料替代，加快推进工业煤改电、煤改气。对以煤、石油焦、渣油、重油等为燃料的锅炉和工业窑炉，采用清洁低碳能源替代。通过流程降碳、工艺降碳、原料替代，实现生产过程降碳。发展绿色低碳材料，推动产品全生命周期减碳。探索低成本二氧化碳捕集、资源化转化利用、封存等主动降碳路径。

227. 一般的工业企业的减排措施有哪些？

（1）全面电气化。
（2）数字化技术管理水、电、蒸汽等资源。
（3）全面的碳审计和碳排查。
（4）全面的培训和宣传，确保员工对碳资产管理的意识到位。
（5）二氧化碳捕集、利用与封存（CCUS）技术。
（6）购买使用绿电。
（7）对上下游供应商进行碳审计和认证。

228. 中国产业结构优化状况如何？

中国的产业结构不断优化升级。积极发展战略性新兴产业，推动重点行业节能降碳改造及低碳工艺革新，坚决遏制高耗能、高排放、低水平项目盲目发展。2021年，中国第一、二、三产业占国内生产总值（GDP）的比重分别为7.3%、39.4%、53.3%，节能环保等战略性新兴产业快速壮大，高技术制造业增加值占规模以上工业增加值的比重达15.1%。2012—2021年，中国以年均3%的能源消费增速支撑了年均6.5%的经济增长，能源利用效率全面提高。2021年，中国再生有色金属产量1572万吨，占国内十种有色金属总产量的24.4%，再生资源利用能力显著增强。

229. 如何推进产业结构高端化转型？

加快推进产业结构调整，坚决遏制"两高"项目盲目发展，依法依规推动落后产能退出，发展战略性新兴产业、高技术产业，持续优化重点区域、流域产业布局，全面推进产业绿色低碳转型。

（1）推动传统行业绿色低碳发展。加快钢铁、有色金属、石化化工、建材、纺织、轻工、机械等行业实施绿色化升级改造，推进城镇人口密集区危险化学品生产企业搬迁改造。落实能耗"双控"目标和碳排放强度控制要求，推动重化工业减量化、集约化、绿色化发展。对于市场已饱和的"两高"项目，主要产品设计能效水平要对标行业能耗限额先进值或国际先进水平。严格执行钢铁、水泥、平板玻璃、电解铝等行业产能置换政策，严控尿素、磷铵、电石、烧碱、黄磷等行业新增产能，新建项目应实施产能等量或减量置换。强化环保、能耗、水耗等要素约束，依法依规推动落后产能退出。

（2）壮大绿色环保战略性新兴产业。着力打造能源资源消耗低、环境污染少、附加值高、市场需求旺盛的产业发展新引擎，加快发展新能源、新材料、新能源汽车、绿色智能船舶、绿色环保、高端装备、能源电子等战略性新兴产业，带动整个经济社会的绿色低碳发展。推动绿色制造领域战略性新兴产业融合化、集群化、生态化发展，做大做强一批龙头骨干企业，培育一批专精特新"小巨人"企业和制造业单项冠军企业。

（3）优化重点区域绿色低碳布局。在严格保护生态环境前提下，提升能源资源富集地区能源资源的绿色供给能力，推动重点开发地区提高清洁能源利用比重和资源循环利用水平，引导生态脆弱地区发展与资源环境相适宜的特色产业和生态产业，鼓励生态产品资源丰富地区实现生态优势向产业优势转化。加快打造以京津冀、长三角、粤港澳大湾区等区域为重点的绿色低碳发展高地，积极推动长江经济带成为中国生态优先绿色发展主战场，扎实推进黄河流域生态保护和高质量发展。

230. 什么是战略性新兴产业？

战略性新兴产业是指以重大技术突破和重大发展需求为基础，对经济社会全局和长远发展具有重大引领带动作用，成长潜力巨大的产业，是新兴科技和新兴产业的深度融合，既代表着科技创新的方向，也代表着产业发展的方向，具有科技含量高、市场潜力大、带动能力强、综合效益好等特征。

在《国务院关于加快培育和发展战略性新兴产业的决定》中把节能环保、信息、生物、高端装备制造、新能源、新材料、新能源汽车等作为现阶段重点发展的战略性新兴产业。

231. 如何推动战略性新兴产业高质量发展？

（1）聚焦重点产业领域。着力扬优势、补短板、强弱项，加快适应、引领、创造新需求，推动重点产业领域形成规模效应。

（2）打造集聚发展高地。充分发挥产业集群要素资源集聚、产业协同高效、产业生态完备等优势，利用好自由贸易试验区、自由贸易港等开放平台，促进形成新的区域增长极。

（3）增强要素保障能力。按照"资金跟着项目走、要素跟着项目走"原则，引导人才、用地、用能等要素合理配置、有效集聚。

（4）优化投资服务环境。通过优化营商环境、加大财政金融支持、创新投资模式，畅通供需对接渠道，释放市场活力和投资潜力。

232. 什么是能源？

能源是指产生热能、机械能、电能、核能和化学能等能量的资源，包括煤炭、石油、天然气（含页岩气、煤层气、生物天然气等）、核能、氢能、风能、太阳能、水能、生物质能、地热能、海洋能、电力和热力以及其他直接或者通过加工、转换而取得有用能的各种资源。

233. 中国的能源结构是什么？

中国能源结构包括煤炭、石油、天然气、电力等。各能源消费在总能源消费中的比重是处于波动变化状态的。消费比重波动较大的为电力。长期以来，中国能源逐步发展形成了煤、油、气、一次电力及其他能源的多元供应体系。煤炭作为能源安全稳定供应的"压舱石"和"稳定器"，在一次能源生产和消费结构中的占比长期超过 60%，充分保障了中国能源的安全供应，与此同时也带来了中国能源消费的高碳特征。"十三五"以来，中国通过严控新增煤电规模、提高电能利用效率、淘汰落后产能、推进清洁能源替代等多种措施优化煤炭利用，控制煤炭消费总量增速，煤炭在能源消费总量中的占比由 2015 年的 63.8% 降低到 2020 年的 56.8%，中国能源结构得到明显优化。石油消费占比长期稳定在 18%—19%。而随着清洁能源替代的推进和城镇居民用气的增加，天然气作为一种清洁的化石能源，其替代作用日益凸显，占能源消费量的比例由 2015 年的 5.8% 提高到 2020 年的 8.4%，逐步成为满足新增化石能源消费的重要主体。

234. 什么是黑炭?

黑炭(Black Carbon)在业务上根据光线吸收、化学反应性和 / 或热力稳定性测量结果定义为气溶胶类。有时被称为炭黑。黑炭的形成主要是由于化石燃料、生物燃料和生物质的不完全燃烧,但也会自然发生。它只能在大气中存留几天或几周。它是颗粒物最有力的吸光部分,当它沉积在冰雪上时,使大气吸收热量,并减少反照率,产生变暖效应。

235. 什么是绿碳?

绿碳是充分利用绿色植物的光合作用来吸收二氧化碳的机制或过程。如扩大森林绿地面积、保有健康的湿地、给高楼和立交桥架的水泥立面种上爬山虎等都是绿碳的重要组成部分。

236. 什么是能源安全?

能源安全是指当前与未来国民经济与社会发展的能源需求在时间、数量、价格、品质四个方面的满足程度,以及国家消除能源威胁与风险的能力。

237. 为什么煤炭是保证中国能源安全的"压舱石"?

中国煤炭资源比较丰富,据自然资源部数据,中国查明煤炭资源量达到 1.67 万亿吨。2020 年,煤炭产量和消费量分别为 39 亿吨和 40.4 亿吨左右,自给率高达 96% 以上。相比而言,2021 年中国原油和天然气的对外依存度分别达到了 73% 和 45%,安全稳定供应一直面临巨大风险。立足中国能源资源禀赋,中国还需依靠"洁煤稳油增气、大力提高新能源"来解决能源供应保障问题。煤炭不仅具备适应能源需求变化的开发条件,还具备通过燃煤发电、煤制油气转化为电力、油气的能力,面对当前复杂多变的国际形势,煤炭作为能源安全"压舱石"的作用更加重要而且短期内无法替代。

例如:2021 年初寒潮,1 月 7 日当晚,两网高峰创出了高点,达到了近 11 亿千瓦,当天的电量是 259.67 亿千瓦时。中国电力总装机近 22 亿千瓦,这个负荷高峰出现在晚上,光伏没有发挥作用;7 日那一天中国大面积没有什么风,风力发电的装机只有 10% 左右发挥了作用,中国 5.3 亿千瓦风电和光伏的总装机,5 亿千瓦没有发挥作用;冬季是枯水期,3.7 亿千瓦水电的装机有 2 亿多没有发挥作用;冬季也是天然气的用气高峰,天然气发电装机有将近 1 亿千瓦,但是 50% 没发挥作用。这时,如果没有近 11 亿装机的煤电，这个高峰负荷是完全无法满足的。这个实例再次说明煤炭作为能源安全"压舱石"的作用非常重要而且短期内无法替代。

238. 中国能源安全新战略是什么？

新时代的中国能源发展，贯彻"四个革命、一个合作"能源安全新战略。

（1）推动能源消费革命，抑制不合理能源消费。坚持节能优先方针，完善能源消费总量管理，强化能耗强度控制，把节能贯穿于经济社会发展全过程和各领域。坚定调整产业结构，高度重视城镇化节能，推动形成绿色低碳交通运输体系。在全社会倡导勤俭节约的消费观，培育节约能源和使用绿色能源的生产生活方式，加快形成能源节约型社会。

（2）推动能源供给革命，建立多元供应体系。坚持绿色发展导向，大力推进化石能源清洁高效利用，优先发展可再生能源，安全有序发展核电，加快提升非化石能源在能源供应中的比重。大力提升油气勘探开发力度，推动油气增储上产。推进煤电油气产供储销体系建设，完善能源输送网络和储存设施，健全能源储运和调峰应急体系，不断提升能源供应的质量和安全保障能力。

（3）推动能源技术革命，带动产业升级。深入实施创新驱动发展战略，构建绿色能源技术创新体系，全面提升能源科技和装备水平。加强能源领域基础研究以及共性技术、颠覆性技术创新，强化原始创新和集成创新。着力推动数字化、大数据、人工智能技术与能源清洁高效开发利用技术的融合创新，大力发展智慧能源技术，把能源技术及其关联产业培育成带动产业升级的新增长点。

（4）推动能源体制革命，打通能源发展快车道。坚定不移推进能源领域市场化改革，还原能源商品属性，形成统一开放、竞争有序的能源市场。推进能源价格改革，形成主要由市场决定能源价格的机制。健全能源法治体系，创新能源科学管理模式，推进"放管服"改革，加强规划和政策引导，健全行业监管体系。

（5）全方位加强国际合作，实现开放条件下能源安全。坚持互利共赢、平等互惠原则，全面扩大开放，积极融入世界。推动共建"一带一路"能源绿色可持续发展，促进能源基础设施互联互通。积极参与全球能源治理，加强能源领域国际交流合作，畅通能源国际贸易、促进能源投资便利化，共同构建能源国际合作新格局，维护全球能源市场稳定和共同安全。

239. 中国能源消费现状如何？

中国作为全球第二大经济体，已经成为世界上最大的能源生产国，同时也是世界上最大的能源消费国。据统计，能源行业碳排放占全社会碳排放总量的 85% 左右，占温室气体排放总量的 75% 左右。2020 年，中国能源消费总量 $4.98×10^9$ 吨标准煤，能源生产总量达到 $4.08×10^9$ 吨标准煤。近年来中国能源自给率始终保持在 80% 以上，有效保障了能源的安全供应。"十三五"期间，中国以年均 2.8% 的能源消费增速支撑了约 5.7% 的经济增速，经济发展与能源消费的脱钩趋势逐步显现。随着经济社会的发展和人民生活水平持续提升，未来，中国能源消费总量仍将呈持续缓慢增长趋势。相关研究预测，到 2060 年，中国能源消费总量将达到 $6.73×10^9$ 吨标准煤。在 2030 年前碳达峰、2060 年前碳中和的总体目标下，能源消费总量的持续增长及化石能源的高占比特征无疑对中国碳达峰碳中和提出了严峻挑战。

240. 可以通过大幅削减煤炭用量来实现碳中和吗？

中国是一个"富煤、贫油、少气"的国家。其中，中国煤炭、石油、天然气的人均占有量分别为世界平均值的 67%、5.4% 和 7.5%。受中国能源资源禀赋特征的影响，2021 年中国原油和天然气的对外依存度分别达到了 73% 和 45%。因此，煤炭和煤电仍然是保障能源安全、电力安全的主体，是中国能源安全的"压舱石"。如果盲目、快速减少煤炭和削减煤电，可能有两方面安全隐患。

一是利用风、光等可再生能源发电具有强波动性、高不确定性和弱调频性的特征，大规模并网可能会造成电网系统抗扰动、频率调节和电压调控等能力下降，大规模减煤炭、控煤电将进一步增加能源系统的不确定性和脆弱性。美国德州在极端天气下的大规模停电表明了新能源的脆弱性，值得深思；二是煤炭和煤电退出影响经济社会的平稳运行，若大规模减煤炭、控煤电，将给就业、信贷等带来风险。所以，仅通过"革煤炭的命"来实现碳中和是不合理的。

241. 中国能源低碳发展的战略要求是什么？

2017 年，国家发改委发布《能源生产和消费革命战略（2016—2030）》，提出非化石能源消费比重由 2020 年的 15% 提升至 2030 年的 20%，到 2050 年提升至 50%，"煤炭清洁高效利用"被列入"面向 2030 国家重大项目"。《2030 年前碳达峰行动方案》将能源绿色低碳转型作为重点任务，提出推进煤炭消费替代和转型升级、大力发展新能源、合理调控油气消费、加快建设新型电力系统。《关于完整准确全面贯彻新发展理念做好碳达峰碳中和工作的意见》提出 2030 年非化石能源消费比重达到 25% 左右，2060 年非化石能源消费比重达到 80% 以上，同时明确需要加快构建清洁低碳安全高效的能源体系，严格控制化石能源消费，不断提高非化石能源消费占比。

242. 如何全面推进能源消费方式变革?

（1）实行能耗双控制度。实行能源消费总量和强度双控制度，按省、自治区、直辖市行政区域设定能源消费总量和强度控制目标，对各级地方政府进行监督考核。把节能指标纳入生态文明、绿色发展等绩效评价指标体系，引导转变发展理念。对重点用能单位分解能耗双控目标，开展目标责任评价考核，推动重点用能单位加强节能管理。

（2）健全节能法律法规和标准体系。修订实施《节约能源法》，建立完善工业、建筑、交通等重点领域和公共机构节能制度，健全节能监察、能源效率标识、固定资产投资项目节能审查、重点用能单位节能管理等配套法律制度。强化标准引领约束作用，健全节能标准体系，实施百项能效标准推进工程，发布实施340多项国家节能标准，其中近200项强制性标准，实现主要高耗能行业和终端用能产品全覆盖。加强节能执法监督，强化事中事后监管，严格执法问责，确保节能法律法规和强制性标准有效落实。

（3）完善节能低碳激励政策。实行促进节能的企业所得税、增值税优惠政策。鼓励进口先进节能技术、设备，控制出口耗能高、污染重的产品。健全绿色金融体系，利用能效信贷、绿色债券等支持节能项目。创新完善促进绿色发展的价格机制，实施差别电价、峰谷分时电价、阶梯电价、阶梯气价等，完善环保电价政策，调动市场主体和居民节能的积极性。在浙江等四省市开展用能权有偿使用和交易试点，在北京等七省市开展碳排放权交易试点。大力推行合同能源管理，鼓励节能技术和经营模式创新，发展综合能源服务。加强电力需求侧管理，推行电力需求侧响应的市场化机制，引导节约、有序、合理用电。建立能效"领跑者"制度，推动终端用能产品、高耗能行业、公共机构提升能效水平。

（4）提升重点领域能效水平。积极优化产业结构，大力发展低能耗的先进制造业、高新技术产业、现代服务业，推动传统产业智能化、清洁化改造。推动工业绿色循环低碳转型升级，全面实施绿色制造，建立健全节能监察执法和节能诊断服务机制，开展能效对标达标。提升新建建筑节能标准，深化既有建筑节能改造，优化建筑用能结构。构建节能高效的综合交通运输体系，推进交通运输用能清洁化，提高交通运输工具能效水平。全面建设节约型公共机构，促进公共机构为全社会节能工作作出表率。构建市场导向的绿色技术创新体系，促进绿色技术研发、转化与推广。推广国家重点节能低碳技术、工业节能技术装备、交通运输行业重点节能低碳技术等。推动全民节能，引导树立勤俭节约的消费观，倡导简约适度、绿色低碳的生活方式，反对奢侈浪费和不合理消费。

（5）推动终端用能清洁化。以京津冀及周边地区、长三角、珠三角、汾渭平原等地区为重点，实施煤炭消费减量替代和散煤综合治理，推广清洁高效燃煤锅炉，推行天然气、电力和可再生能源等替代低效和高污染煤炭的使用。制定财政、价格等支持政策，积极推进北方地区冬季清洁取暖，促进大气环境质量改善。推进终端用能领域以电代煤、以电代油，推广新能源汽车、热泵、电窑炉等新型用能方式。加强天然气基础设施建设与互联互通，在城镇燃气、工业燃料、燃气发电、交通运输等领域推进天然气高效利用。大力推进天然气热电冷联供的供能方式，推进分布式可再生能源发展，推行终端用能领域多能协同和能源综合梯级利用。

243. 如何构建清洁低碳安全高效能源体系？

（1）加快提升能源节约利用水平。中央企业要统筹好"控能"和"控碳"的关系，坚持节约优先发展战略，强化能源消费总量和强度双控，严格能耗强度和碳排放强度约束性指标管理，探索增强能耗总量管理弹性，合理控制能源消费总量。健全能耗双控管理措施，严格落实建设项目节能评估审查要求，加快实施节能降碳重点工程，推进重点用能设备节能增效。加强产业规划布局、重大项目建设与能耗双控政策的有效衔接，推动能源资源配置更加合理、利用效率大幅提高。

（2）加快推进化石能源清洁高效利用。中央企业要推进煤炭消费转型升级，严格合理控制煤炭消费增长。统筹煤电发展和保供调峰，严格控制煤电装机规模，根据发展需要合理建设先进煤电，继续有序淘汰落后煤电，加快现役机组节能升级和灵活性改造，推动煤电向基础保障性和系统调节性电源转型。支持企业探索利用退役火电机组的既有厂址和相关设施建设新型储能设施。推进其他重点用煤行业减煤限煤，有序推进煤炭替代和煤炭清洁利用。严控传统煤化工产能，稳妥有序发展现代煤化工，提高煤炭作为化工原料的综合利用效能，促进煤化工产业高端化、多元化、低碳化发展，积极发展煤基特种燃料、煤基生物可降解材料等。加快推进绿色智能煤矿建设，鼓励利用废弃矿区开展新能源及储能项目开发建设，加大对煤炭企业退出和转型发展以及从业人员的扶持力度。提升油气田清洁高效开采能力，加快页岩气、煤层气、致密油气等非常规油气资源规模化开发，鼓励油气企业利用自有建设用地发展可再生能源以及建设分布式能源设施，在油气田区域建设多能互补的区域供能系统。推动炼化企业转型升级，严控炼油产能，有序推进减油增化，优化产品结构。鼓励传统加油站、加气站建设油气电氢一体化综合交通能源服务站。

（3）加快推动非化石能源发展。优化非化石能源发展布局，不断提高非化石能源业务占比。完善清洁能源装备制造产业链，支撑清洁能源开发利用。全面推进风电、太阳能发电大规模、高质量发展，因地制宜发展生物质能，探索深化海洋能、地热能等开发利用。坚持集中式与分布式并举，优先推动风能、太阳能就地就近开发利用，加快智能光伏产业创新升级和特色应用。因地制宜开发水电，推动已纳入国家规划、符合生态环保要求的水电项目开工建设。积极安全有序发展核电，培育高端核电装备制造产业集群。稳步构建氢能产业体系，完善氢能制、储、输、用一体化布局，结合工业、交通等领域典型用能场景，积极部署产业链示范项目。加大先进储能、温差能、地热能、潮汐能等新兴能源领域前瞻性布局力度。

（4）加快构建以新能源为主体的新型电力系统。着力提升供电保障能力，提高电网对高比例可再生能源的消纳和调控能力，确保大电网安全稳定运行。加强源网荷储协同互动，着力提升电力系统灵活调节能力。加快实施煤电灵活性改造，推进自备电厂参与电力系统调节。高质量建设核心骨干网架，鼓励建设智慧能源系统和微电网。强化用电需求侧响应，推动中央企业积极参与虚拟电厂试点和实施。加快推进生态友好、条件成熟、指标优越的抽水蓄能电站建设，积极推进在建项目建设，结合地方规划积极开展中小型抽水蓄能建设，探索推进水电梯级融合改造，发展抽水蓄能现代化产业。推动高安全、低成本、高可靠、长寿命的新型储能技术研发和规模化应用。健全源网荷储互动技术应用架构和标准规范，建设源网荷储协同互动调控平台，塑造多元主体广泛参与的共建共享共赢产业生态。

244. 中国实现能源绿色低碳转型的意义是什么?

能源是人类文明进步的基础和动力，事关国计民生和国家安全稳定。能源活动是二氧化碳排放的主要来源，能源绿色低碳转型是实现碳达峰碳中和的关键。要立足中国能源资源禀赋，以满足经济社会发展和人民日益增长的生活需要为根本目的，统筹发展和安全，加快构建清洁低碳安全高效的能源体系，为实现碳达峰碳中和、全面建设社会主义现代化强国提供坚实保障。

245. 能源绿色低碳转型支撑技术有哪些?

（1）煤炭清洁高效利用。加强煤炭先进、高效、低碳、灵活智能利用的基础性、原创性、颠覆性技术研究。实现工业清洁高效用煤和煤炭清洁转化，攻克近零排放的煤制清洁燃料和化学品技术；研发低能耗的百万吨级二氧化碳捕集利用与封存全流程成套工艺和关键技术。研发重型燃气轮机和高效燃气发动机等关键装备。研究掺氢天然气、掺烧生物质等高效低碳工业锅炉技术、装备及检测评价技术。

（2）新能源发电。研发高效硅基光伏电池、高效稳定钙钛矿电池等技术，研发碳纤维风机叶片、超大型海上风电机组整机设计制造与安装试验技术、抗台风型海上漂浮式风电机组、漂浮式光伏系统。研发高可靠性、低成本太阳能热发电与热电联产技术，突破高温吸热传热储热关键材料与装备。研发具有高安全性的多用途小型模块式反应堆和超高温气冷堆等技术。开展地热发电、海洋能发电与生物质发电技术研发。

（3）智能电网。以数字化、智能化带动能源结构转型升级，研发大规模可再生能源并网及电网安全高效运行技术，重点研发高精度可再生能源发电功率预测、可再生能源电力并网主动支撑、煤电与大规模新能源发电协同规划与综合调节技术、柔性直流输电、低惯量电网运行与控制等技术。

（4）储能技术。研发压缩空气储能、飞轮储能、液态和固态锂离子电池储能、钠离子电池储能、液流电池储能等高效储能技术；研发梯级电站大型储能等新型储能应用技术以及相关储能安全技术。

（5）可再生能源非电利用。研发太阳能采暖及供热技术、地热能综合利用技术，探索干热岩开发与利用技术等。研发推广生物航空煤油、生物柴油、纤维素乙醇、生物天然气、生物质热解等生物燃料制备技术，研发生物质基材料及高附加值化学品制备技术、低热值生物质燃料的高效燃烧关键技术。

（6）氢能技术。研发可再生能源高效低成本制氢技术、大规模物理储氢和化学储氢技术、大规模及长距离管道输氢技术、氢能安全技术等；探索研发新型制氢和储氢技术。

（7）节能技术。在资源开采、加工，能源转换、运输和使用过程中，以电力输配和工业、交通、建筑等终端用能环节为重点，研发和推广高效电能转换及能效提升技术；发展数据中心节能降耗技术，推进数据中心优化升级；研发高效换热技术、装备及能效检测评价技术。

246. 中国能源绿色低碳转型情况如何？

国家发改委 2022 年 9 月 22 日举行专题新闻发布会指出，党的十八大以来，中国产业结构优化升级成效明显，能源绿色低碳转型成效显著，能源资源利用效率大幅提升。

十年来，国家深入推进供给侧结构性改革，淘汰落后产能、化解过剩产能，退出过剩钢铁产能 1.5 亿吨以上、取缔地条钢 1.4 亿吨；大力发展战略性新兴产业，促进新产业、新业态、新模式蓬勃发展。

2021 年，高技术制造业占规模以上工业增加值占比达到 15.1%，比 2012 年增加 5.7 个百分点；"三新"产业增加值相当于国内生产总值（GDP）的占比达到 17.25%；

新能源产业全球领先，为全球市场提供超过 70% 的光伏组件；绿色建筑占当年城镇新建建筑面积比例提升至 84%。2022 年前 8 个月，新能源汽车产销量分别达到 397 万辆和 386 万辆，保有量达到 1099 万辆，约占全球一半。

十年来，国家深入推进能源革命，立足以煤为主的基本国情，强化煤炭清洁高效利用，积极发展非化石能源，持续深化电力体制改革。

2021 年，中国清洁能源消费占比达到 25.5%，比 2012 年提升了 11 个百分点；煤炭消费占比下降至 56%，比 2012 年下降了 12.5 个百分点；风光发电装机规模比 2012 年增长了 12 倍左右，新能源发电量首次超过 1 万亿千瓦时。目前，中国可再生能源装机规模已突破 11 亿千瓦，水电、风电、太阳能发电、生物质发电装机均居世界第一。

十年来，国家大力推进节能减排和资源节约集约循环利用，推动中国能源资源利用效率大幅提升。与 2012 年相比，2021 年中国单位 GDP 能耗下降了 26.4%，单位 GDP 二氧化碳排放下降了 34.4%，单位 GDP 水耗下降了 45%，主要资源产出率提高了约 58%。

247. 如何完善能源绿色低碳转型体制机制？

中国完善能源绿色低碳转型体制机制和政策措施的目标分为两个阶段，分别是"十四五"时期，基本建立推进能源绿色低碳发展的制度框架，形成比较完善的政策、标准、市场和监管体系，构建以能耗"双控"和非化石能源目标制度为引领的能源绿色低碳转型推进机制。到 2030 年，基本建立完整的能源绿色低碳发展基本制度和政策体系，形成非化石能源既基本满足能源需求增量又规模化替代化石能源存量、能源安全保障能力得到全面增强的能源生产消费格局。具体的能源绿色低碳转型体制机制完善内容如下：

（1）完善国家能源战略和规划实施的协同推进机制。强化能源战略和规划的引导约束作用，建立能源绿色低碳转型监测评价机制，健全能源绿色低碳转型组织协调机制。

（2）完善引导绿色能源消费的制度和政策体系。完善能耗双控制度，科学分解可再生能源开发利用中长期总量及最低比重目标。建立健全绿色能源消费促进机制，完善工业领域绿色能源消费支持政策，完善建筑绿色用能和清洁取暖政策，完善交通运输领域能源清洁替代政策。

（3）建立绿色低碳为导向的能源开发利用新机制。建立清洁低碳能源资源普查和信息共享机制，推动构建以清洁低碳能源为主体的能源供应体系，创新农村可再生能源开发利用机制，建立清洁低碳能源开发利用的国土空间管理机制。

（4）完善新型电力系统建设和运行机制。加强新型电力系统顶层设计，完善适应可再生能源局域深度利用和广域输送的电网体系，健全适应新型电力系统的市场机制，完善灵活性电源建设和运行机制，完善电力需求响应机制，探索建立区域综合能源服务机制。

（5）完善化石能源清洁高效开发利用机制。完善煤炭清洁开发利用政策，发挥好煤炭在能源供应保障中的基础作用。完善煤电清洁高效转型政策，推动煤电向基础保障性和系统调节性电源并重转型。完善油气清洁高效利用机制，加大减污降碳协同力度。

（6）健全能源绿色低碳转型安全保供体系和保障政策。健全能源预测预警机制，构建电力系统安全运行综合防御体系。建立支撑能源绿色低碳转型的科技创新体系和财政金融政策保障机制。促进能源绿色低碳转型国际合作，建立健全能源绿色低碳发展相关治理机制。

248. 能源零碳排放的路线如何划分？

2021年5月18日，国际能源署（International Energy Agency，IEA）正式发布了《2050年净零排放：全球能源行业路线图》，路线图设定了400多个里程碑数据，以指导全球到2050年实现净零排放的过程。行动包括，从今天开始不再投资任何新的化石燃料供应项目，也不再投资新建燃煤电厂。到2035年，不再销售新的内燃机乘用车（电动车等新能源汽车代替传统油车等），到2040年，全球电力部门的排放量达到净零。报告描述了净零途径，要求立即大规模部署所有可用的清洁和高效能源技术，并在全球范围大力推动和加快创新。

249. 如何优化完善能源消费强度和总量双控？

能耗双控是中国节能领域一项重要制度性安排，在化石能源消费占比仍然较高的情况下，要按照有利于节能优先和提高能效、有利于新能源发展和推动碳达峰碳中和两个导向，进一步优化完善能耗双控政策。

（1）有效增强能源消费总量管理弹性。"十四五"时期，国家优化能源消费总量目标形成方式，不再向地方直接下达能源消费总量控制目标，而是由各地区根据地区生产总值增速目标和能耗强度下降基本目标确定年度能源消费总量目标，经济增速超过预期目标的地区可对能源消费总量目标进行相应调整。

（2）新增可再生能源不纳入能源消费总量控制。为鼓励地方发展可再生能源，"十四五"期间新增可再生能源不再纳入能源消费总量考核。以各地区2020年可再生能源电力消费量为基数，将每一年较上年新增的可再生能源电力消费量，在中国和地方能源消费总量考核时予以扣除。为避免将新增可再生能源电力用于盲目发展高耗能、高排放、低水平项目，可再生能源消费仍将纳入能耗强度考核。

（3）原料用能不纳入能耗双控考核。原料用能是指用作原材料的能源消费，即能源产品不作为燃料、动力使用，而作为生产非能源产品的原料、材料使用，扣除原料用能可更准确反映能源利用实际情况。为进一步保障高质量发展合理用能需求，"十四五"期间原料用能不纳入能耗双控考核。在核算中国和各地区能耗强度下降率时，将原料用能消费量同步从基年和目标年度能源消费总量中扣除。

（4）实施国家布局重大项目能耗单列。"十四五"时期国家预留部分用能指标，对国家布局的重大项目实施能耗单列。在地区能耗双控考核时，国家对能耗单列项目能源消费量进行扣减。重大项目能耗单列实行动态调整。

（5）优化节能目标责任评价考核。统筹目标完成进展、经济形势及跨周期因素，优化考核频次，"十四五"节能目标责任评价考核将年度考核调整为"年度评价、中期评估、五年考核"，平抑短期经济波动对节能指标完成情况的影响。在考核中增加能耗强度下降指标权重，合理设置能源消费总量指标权重。科学运用考核结果，对工作成效显著的地区予以激励，对工作不力的地区加强督促指导。

250. 如何提高能源利用效率?

加快重点用能行业的节能技术装备创新和应用，持续推进典型流程工业能量系统优化。推动工业窑炉、锅炉、电机、泵、风机、压缩机等重点用能设备系统的节能改造。加强高温散料与液态熔渣余热、含尘废气余热、低品位余能等的回收利用，对重点工艺流程、用能设备实施信息化数字化改造升级。鼓励企业、园区建设能源综合管理系统，实现能效优化调控。积极推进网络和通信等新型基础设施绿色升级，降低数据中心、移动基站功耗。

251. 中国如何完善能源管理和服务机制?

加快节能标准更新，强化新建项目能源评估审查。依据节能法律法规和强制性节能标准，定期对各类项目特别是"两高"项目进行监督检查。规范节能监察执法、创新监察方式、强化结果应用，探索开展跨地区节能监察，实现重点用能行业企业、重点用能设备节能监察全覆盖。强化以电为核心的能源需求侧管理，引导企业提高用能效率和需求响应能力。开展节能诊断，为企业节能管理提供服务。

252. 如何提升清洁能源消费比重?

鼓励氢能、生物燃料、垃圾衍生燃料等替代能源在钢铁、水泥、化工等行业的应用。严格控制钢铁、煤化工、水泥等主要用煤行业煤炭消费，鼓励有条件地区新建、改扩建项目实行用煤减量替代。提升工业终端用能电气化水平，在具备条件的行业和地区加快推广应用电窑炉、电锅炉、电动力设备。鼓励工厂、园区开展工业绿色低碳微电网建设，发展屋顶光伏、分散式风电、多元储能、高效热泵等，推进多能高效互补利用。

253. 什么是高耗能行业？

高耗能行业是指在生产过程中一次能源或二次能源消耗比例相对较高，能源成本占产值比例较大的行业，也可称为能源密集型行业。

中国的高耗能行业有发电、石化、化工、建材、钢铁、有色金属、造纸、民航。

254. 钢铁行业碳达峰实施方案是什么？

严格落实产能置换和项目备案、环境影响评价、节能评估审查等相关规定，切实控制钢铁产能。强化产业协同，构建清洁能源与钢铁产业共同体。鼓励适度稳步提高钢铁先进电炉短流程发展。推进低碳炼铁技术示范推广。优化产品结构，提高高强高韧、耐蚀耐候、节材节能等低碳产品应用比例。到 2025 年，废钢铁加工准入企业年加工能力超过 1.8 亿吨，短流程炼钢占比达 15% 以上。到 2030 年，富氢碳循环高炉冶炼、氢基竖炉直接还原铁、碳捕集利用封存等技术取得突破应用，短流程炼钢占比达 20% 以上。

255. 建材行业碳达峰实施方案是什么？

严格执行水泥、平板玻璃产能置换政策，依法依规淘汰落后产能。加快全氧、富氧、电熔等工业窑炉节能降耗技术应用，推广水泥高效篦冷机、高效节能粉磨、低阻旋风预热器、浮法玻璃一窑多线、陶瓷干法制粉等节能降碳装备。到 2025 年，水泥熟料单位产品综合能耗水平下降 3% 以上。到 2030 年，原燃料替代水平大幅提高，突破玻璃熔窑窑外预热、窑炉氢能煅烧等低碳技术，在水泥、玻璃、陶瓷等行业改造建设一批减污降碳协同增效的绿色低碳生产线，实现窑炉碳捕集利用封存技术产业化示范。

256. 石油化工行业碳达峰实施方案是什么？

增强天然气、乙烷、丙烷等原料供应能力，提高低碳原料比重。合理控制煤制油气产能规模。推广应用原油直接裂解制乙烯、新一代离子膜电解槽等技术装备。开发可再生能源制取高值化学品技术。到 2025 年，"减油增化"取得积极进展，新建炼化一体化项目成品油产量占原油加工量比例降至 40% 以下，加快部署大规模碳捕集利用封存产业化示范项目。到 2030 年，合成气一步法制烯烃、乙醇等短流程合成技术实现规模化应用。

257. 有色金属行业碳达峰实施方案是什么？

坚持电解铝产能总量约束，研究差异化电解铝减量置换政策，防范铜、铅、锌、氧化铝等冶炼产能盲目扩张，新建及改扩建冶炼项目须符合行业规范条件，且达到能耗限额标准先进值。实施铝用高质量阳极示范、铜锍连续吹炼、大直径竖罐双蓄热底出渣炼镁等技改工程。突破冶炼余热回收、氨法炼锌、海绵钛颠覆性制备等技术。依法依规管理电解铝出口，鼓励增加高品质再生金属原料进口。到 2025 年，铝水直接合金化比例提高到 90% 以上，再生铜、再生铝产量分别达到 400 万吨、1150 万吨，再生金属供应占比达 24% 以上。到 2030 年，电解铝使用可再生能源比例提至 30% 以上。

258. 如何全面提升电力系统调节能力和灵活性？

充分发挥电网企业在构建新型电力系统中的平台和枢纽作用，支持和指导电网企业积极接入和消纳新能源。完善调峰调频电源补偿机制，加大煤电机组灵活性改造、水电扩机、抽水蓄能和太阳能热发电项目建设力度，推动新型储能快速发展。研究储能成本回收机制。鼓励西部等光照条件好的地区使用太阳能热发电作为调峰电源。深入挖掘需求响应潜力，提高负荷侧对新能源的调节能力。

259. 如何提高配电网接纳分布式新能源的能力？

发展分布式智能电网，推动电网企业加强有源配电网（主动配电网）规划、设计、运行方法研究，加大投资建设改造力度，提高配电网智能化水平，着力提升配电网接入分布式新能源的能力。合理确定配电网接入分布式新能源的比例要求。探索开展适应分布式新能源接入的直流配电网工程示范。

260. 如何推进新能源参与电力市场交易？

支持新能源项目与用户开展直接交易，鼓励签订长期购售电协议，电网企业应采取有效措施确保协议执行。对国家已有明确价格政策的新能源项目，电网企业应按照有关法规严格落实全额保障性收购政策，全生命周期合理小时数外电量可以参与电力市场交易。在电力现货市场试点地区，鼓励新能源项目以差价合约形式参与电力市场交易。

261. 如何完善可再生能源电力消纳责任权重制度?

科学合理设定各省(自治区、直辖市)中长期可再生能源电力消纳责任权重,做好可再生能源电力消纳责任权重制度与新增可再生能源不纳入能源消费总量控制的衔接。建立完善可再生能源电力消纳责任考评指标体系和奖惩机制。

262. 电力装备十大领域绿色低碳发展重点方向是什么?

推进火电、水电、核电、风电、太阳能、氢能、储能、输电、配电及用电 10 个领域电力装备绿色低碳发展。

(1)火电装备。开展在役机组及系统高效宽负荷、灵活性、提质增效、节能减排、深度调峰、机组延寿和智慧化等技术研究和应用。重点发展煤电多能耦合及风光水储多能互补发电、燃气轮机发电、碳捕集利用与封存、煤气化联合循环发电及煤气化燃料电池发电等技术及装备。

(2)水电装备。重点发展水电机组宽负荷改造及智慧化升级、复杂地质条件下超高水头冲击式机组、可变速抽水蓄能及海水抽水蓄能、潮汐发电站及兆瓦级潮流发电、兆瓦级波浪发电、老旧水电机组增容增效提质改造等技术及装备。

(3)核电装备。重点发展核级铸锻件、关键泵阀、控制系统、核级仪器仪表、钴基焊材等。研究建立核电专用软件验证数据库,支撑软件体系开发与优化升级。加快三代核电标准化、谱系化发展,持续推进钠冷快堆、高温气冷堆、铅铋快堆等四代核电堆型的研发和应用。加快可控核聚变等前沿颠覆性技术研究。

(4)风电装备。重点发展 8 兆瓦以上陆上风电机组及 13 兆瓦以上海上风电机组,研发深远海漂浮式海上风电装备。突破超大型海上风电机组新型固定支撑结构、主轴承及变流器关键功率模块等。加大基础仿真软件攻关和滑动轴承应用,研究开发风电叶片退役技术路线。

(5)太阳能装备。重点发展高效低成本光伏电池技术。研发高可靠、智能化光伏组件及高电压、高功率、高效散热的逆变器以及智能故障检测、快速定位等关键技术。开发基于 5G、先进计算、人工智能等新一代信息技术的集成运维技术和智能光伏管理系统。积极发展太阳能光热发电,推动建立光热发电与光伏、储能等多能互补集成。研究光伏组件资源化利用实施路径。

(6)氢能装备。加快制氢、氢燃料电池电堆等技术装备研发应用,加强氢燃料电池关键零部件、长距离管道输氢技术攻关。

(7)储能装备。大幅提升电化学储能装备的可靠性,加快压缩空气储能、飞轮储能装备的研制，研发储能电站消防安全多级保障技术和装备。研发储能电池及系统的在线检测、状态预测和预警技术及装备。

（8）输电装备。重点研发海上风电柔性直流送出和低频送出、交直流混合配电网系统、开关电弧、设备长期带电可靠性评估等技术。突破换流变压器有载调压分接开关、套管、智能组件等基础零部件及元器件。开展高端电工钢低损耗变压器、热塑性环保电缆材料、新型低温室效应环保绝缘气体等相关装备研制。

（9）配电装备。加速数字化传感器、电能路由器、潮流控制器、固态断路器等保护与控制核心装备研制与应用。加快数据中心、移动通信和轨道交通等应用场景的新型配电装备融合应用与高度自治配电系统建设。

（10）用电装备。重点发展 2 级及以上能效电机、直驱与集成式永磁 / 磁阻电驱动系统、超高效大转矩机电系统总成、智能电机、微电网与第三代半导体变频供电的高效电机系统及电驱动装备。

263. 什么是清洁能源？

清洁能源是指开发利用、使用过程中环境污染物和二氧化碳等温室气体零排放或者低排放的能源。

264. 天然气是清洁能源吗？

天然气不是清洁能源，但可以短期内作为对煤炭的替代。

天然气的主要成分为甲烷，并且含有少量的乙烷和丙烷，几乎不含硫、粉尘和其他有害物质。天然气的燃烧产物主要是二氧化碳和水，而且天然气在燃烧时产生的二氧化碳比其他化石燃料更少，所以相较于煤炭和石油，天然气被认为是一种优质、高效、更清洁的能源。

短期内（20 年内）天然气的投资和使用仍然会增加，随着风电、光伏的成本走低，储能技术的日趋成熟，天然气由于其仍然具有碳排放和不算有竞争力的成本，会逐渐被光伏和风电替代。

265. 什么是新能源？新能源是怎样分类的？

1981 年，联合国召开的"联合国新能源和可再生能源会议"对新能源的定义为：以新技术和新材料为基础，使传统的可再生能源得到现代化的开发和利用，用取之不尽、周而复始的可再生能源取代资源有限、对环境有污染的化石能源，重点开发太阳能、风能、生物质能、潮汐能、地热能、氢能和核能（原子能）。

新能源一般是指在新技术基础上加以开发利用的可再生能源，包括太阳能、生物质能、风能、地热能、波浪能、洋流能和潮汐能，以及海洋表面与深层之间的热循环等；此外，还有氢能、沼气、酒精、甲醇等。而已经广泛利用的煤炭、石油、天然气、水能等能源，称为常规能源。随着常规能源的有限性以及环境问题的日益突出，以环保和可再生为特质的新能源越来越得到各国的重视。

266. 什么是可再生能源？

可再生能源是指自然界中可以循环再生、反复持续利用的一次能源，包括水能、风能、太阳能、生物质能、地热能和海洋能等。

267. 如何提升可再生能源产业链供应链现代化水平？

（1）锻造产业链供应链长板。推动可再生能源产业优化升级，加强制造设备升级和新产品规模化应用，实施可再生能源产业智能制造和绿色制造工程，推动产业高端化、智能化、绿色化发展。

（2）补齐产业链供应链短板。推动可再生能源产业基础再造，加快重要产业技术工程化攻关。推动退役风电机组、光伏组件回收处理技术与新产业链发展，补齐风电、光伏发电绿色产业链最后一环，实现全生命周期绿色闭环式发展。发展可再生能源发电、供热、制气等先进适用技术，推动可再生能源产业链供应链多元化。

（3）完善产业标准认证体系。健全可再生能源技术装备标准、检测、认证和质量监督组织体系，完善可再生能源设备生产、项目建设和运营管理。鼓励国内企业积极参与国际可再生能源领域标准制定，推进标准体系、合格评定体系与国际接轨，促进认证结果国际互认。

268. 如何完善可再生能源创新链？

加强科技创新支撑。加大对能源研发创新平台支持力度，重点支持可再生能源、新型电力系统、规模化储能、氢能等技术领域，整合资源、组织力量对核心技术方向实施重大科技协同研究和重大工程技术协同创新。加大高水平人才培养与引进力度，鼓励各类院校开设可再生能源专业学科并与企业开展人才培养合作，完善可再生能源领域高端人才引进机制，完善人才评价和激励机制，造就一批具有国际竞争力的科技人才与创新团队。打通科技成果转化通道。发展大容量风电机组及其关键零部件测试技术与平台，建设典型气候条件下光伏发电技术实证公共服务平台，加快推动新技术实证验证与工程转化。加强知识产权保护，推进创新创业机构改革，建设专业化市场化技术转移机构和技术经理人队伍，促进科技成果转化，通过产学研展洽会等多种形式，加强国内外先进科技成果转化对接。

269. 中国风能发展潜力如何？

中国风能发展潜力巨大。到 2030 年和 2050 年，中国风电装机容量将分别达到 4 亿千瓦和 10 亿千瓦，成为中国的主要电源之一，到 2050 年，风电将满足国内 17% 的电力需求。

270. 什么是光伏发电？

光伏发电是利用半导体界面的光生伏特效应而将光能直接转变为电能的一种技术。由太阳电池板（组件）、控制器和逆变器三大部分组成，主要部件由电子元器件构成。太阳能电池经过串联后进行封装保护可形成大面积的太阳能电池组件，再配合上功率控制器等部件就形成了光伏发电装置。

光伏发电分为独立光伏发电、并网光伏发电和分布式光伏发电。

独立光伏发电也叫离网光伏发电。由太阳能电池组件、控制器、蓄电池组成，若要为交流负载供电，还需要配置交流逆变器。独立光伏电站包括边远地区的村庄供电系统，太阳能户用电源系统，通信信号电源、阴极保护、太阳能路灯等各种带有蓄电池的可以独立运行的光伏发电系统。

并网光伏发电就是太阳能组件产生的直流电经过并网逆变器转换成符合市电电网要求的交流电之后直接接入公共电网。可以分为带蓄电池的和不带蓄电池的并网发电系统。带有蓄电池的并网发电系统具有可调度性，可以根据需要并入或退出电网，还具有备用电源的功能，当电网因故停电时可紧急供电。带有蓄电池的光伏并网发电系统常常安装在居民建筑；不带蓄电池的并网发电系统不具备可调度性和备用电源的功能，一般安装在较大型的系统上。并网光伏发电有集中式大型并网光伏电站一般都是国家级电站，特点是将所发电能直接输送到电网，由电网统一调配向用户供电。但这种电站投资大、建设周期长、占地面积大，还没有太大发展。而分散式小型并网光伏，特别是光伏建筑一体化光伏发电，由于投资小、建设快、占地面积小、政策支持力度大等优点，是并网光伏发电的主流。

分布式光伏发电系统，又称分散式发电或分布式供能，是指在用户现场或靠近用电现场配置较小的光伏发电供电系统，以满足特定用户的需求，支持现存配电网的经济运行，或者同时满足这两个方面的要求。分布式光伏发电系统的基本设备包括光伏电池组件、光伏方阵支架、直流汇流箱、直流配电柜、并网逆变器、交流配电柜等设备，另外还有供电系统监控装置和环境监测装置。其运行模式是在有太阳辐射的条件下，光伏发电系统的太阳能电池组件阵列将太阳能转换输出的电能，经过直流汇流箱集中送入直流配电柜，由并网逆变器逆变成交流电供给建筑自身负载，多余或不足的电力通过连接电网来调节。

271. 中国光伏太阳能发展潜力如何？

太阳能是最具潜力的清洁能源，是中国在 2050 年之后的第一大能源来源。

2020—2025 年这一阶段开始，中国光伏启动加速部署；2025—2035 年，中国光伏将进入规模化加速部署时期。2025 年和 2035 年，中国光伏发电总装机规模将分别达到 730 吉瓦和 3000 吉瓦，而到 2050 年，该数据将达到 5000 吉瓦，光伏将成为中国第一大电源，约占当年中国用电量的 40%。

在基本目标下，2030 年和 2050 年，太阳能应用将分别替代化石能源分别超过 3.1 亿和 8.6 亿吨标准煤，其中提供电力分别为 5100 亿和 21000 亿千瓦时。在积极目标下，2030 年和 2050 年，太阳能应用将替代化石能源分别超过 5.6 亿和 18.6 亿吨标准煤，其提供电力分别为 10200 亿和 48000 亿千瓦时。太阳能作为可再生能源重要组成 部分，系我国未来能源发展的主要趋势。

272. 如何推进风电和光伏发电基地化开发？

在风能和太阳能资源禀赋较好、建设条件优越、具备持续规模化开发条件的地区，着力提升新能源就地消纳和外送能力，重点建设新疆、黄河上游、河西走廊、黄河几字弯、冀北、松辽、黄河下游新能源基地和海上风电基地集群。

统筹推进陆上风电和光伏发电基地建设。发挥区域市场优势，主要依托省级和区域电网消纳能力提升，创新开发利用方式，推进松辽、冀北、黄河下游等以就地消纳为主的大型风电和光伏发电基地建设。利用省内省外两个市场，依托既有和新增跨省跨区输电通道、火电"点对网"外送通道，推动光伏治沙、可再生能源制氢和多能互补开发，重点建设新疆、黄河上游、河西走廊、黄河几字弯等新能源基地。

加快推进以沙漠、戈壁、荒漠地区为重点的大型风电太阳能发电基地。以风光资源为依托、以区域电网为支撑、以输电通道为牵引、以高效消纳为目标，统筹优化风电光伏布局和支撑调节电源，在内蒙古、青海、甘肃等西部北部沙漠、戈壁、荒漠地区，加快建设一批生态友好、经济优越、体现国家战略和国家意志的大型风电光伏基地项目。依托已建跨省区输电通道和火电"点对网"输电通道，重点提升存量输电通道输电能力和新能源电量占比，多措并举增配风电光伏基地。依托"十四五"期间建成投产和开工建设的重点输电通道，按照新增通道中可再生能源电量占比不低于50%的要求，配套建设风电光伏基地。依托"十四五"期间研究论证输电通道，规划建设风电光伏基地。创新发展方式和应用模式，建设一批就地消纳的风电光伏项目。发挥区域电网内资源时空互济能力，统筹区域电网调峰资源，打破省际电网消纳边界，加强送受两端协调，保障大型风电光伏基地消纳。

273. 如何积极推进风电和光伏发电分布式开发?

积极推动风电分布式就近开发。在工业园区、经济开发区、油气矿区及周边地区，积极推进风电分散式开发。重点推广应用低风速风电技术，合理利用荒山丘陵、沿海滩涂等土地资源，在符合区域生态环境保护要求的前提下，因地制宜推进中东南部风电就地就近开发。创新风电投资建设模式和土地利用机制，实施"千乡万村驭风行动"，大力推进乡村风电开发。积极推进资源优质地区老旧风电机组升级改造，提升风能利用效率。

大力推动光伏发电多场景融合开发。全面推进分布式光伏开发，重点推进工业园区、经济开发区、公共建筑等屋顶光伏开发利用行动，在新建厂房和公共建筑积极推进光伏建筑一体化开发，实施"千家万户沐光行动"，规范有序推进整县（区）屋顶分布式光伏开发，建设光伏新村。积极推进"光伏+"综合利用行动，鼓励农（牧）光互补、渔光互补等复合开发模式，推动光伏发电与5G基站、大数据中心等信息产业融合发展，推动光伏在新能源汽车充电桩、铁路沿线设施、高速公路服务区及沿线等交通领域应用，因地制宜开展光伏廊道示范。推进光伏电站开发建设，优先利用采煤沉陷区、矿山排土场等工矿废弃土地及油气矿区建设光伏电站。积极推动老旧光伏电站技改升级行动，提升发电效益。

274. 中国核能发展潜力如何?

截至2022年8月底，中国拥有商运核电机组53台，总装机容量5559万千瓦，在建核电机组23台，总装机容量2419万千瓦，在建核电机组规模继续保持全球第一。

2021年，中国核能科技创新继续取得新进展。"华龙一号"国内外首堆相继投入商运，标志着中国真正自主掌握了三代核电技术，核电技术水平跻身世界前列；自主三代核电"国和一号"示范工程建设进展顺利；高温气冷堆核电站示范工程1号反应堆实现成功并网；小型反应堆、快中子堆、聚变堆研发等领域取得积极进展；核燃料循环产业生产运行保持稳定，铀矿勘查采冶、铀纯化转化等自主关键技术取得新成果，为中国核能发展和"走出去"提供了可靠保障。

与此同时，中国对核电的发展方针更加明确。蓝皮书指出，国家原子能机构、国家能源局、生态环境部等部门共发布 11 项部门规章，发布核工业、核科技、退役治理、国家核应急工作等"十四五"规划等，充分保障在运核电机组安全稳定运行。此外，核能行业在人才队伍建设、国际合作、技术应用等方面均取得较大进展。

预计 2030 年、2035 年核电发展规模达到 1.31 亿千瓦、1.69 亿千瓦，发电量占比达到 10.0%、13.5%。远期来看，2050 年核电发展规模将达到 3.35 亿千瓦，发电量占比达到 22.1%。

275. 如何发展核电？

积极安全有序发展核电。在确保安全的前提下，积极有序推动沿海核电项目建设，保持平稳建设节奏，合理布局新增沿海核电项目。开展核能综合利用示范，积极推动高温气冷堆、快堆、模块化小型堆、海上浮动堆等先进堆型示范工程，推动核能在清洁供暖、工业供热、海水淡化等领域的综合利用。切实做好核电厂址资源保护。

276. 什么是生物质能？

生物质能是指利用自然界的植物、粪便以及城乡有机废物转化成的能源。

277. 如何稳步推进生物质能多元化开发？

（1）稳步发展生物质发电。优化生物质发电开发布局，稳步发展城镇生活垃圾焚烧发电，有序发展农林生物质发电和沼气发电，探索生物质发电与碳捕集、利用与封存相结合的发展潜力和示范研究。有序发展生物质热电联产，因地制宜加快生物质发电向热电联产转型升级，为具备资源条件的县城、人口集中的乡村提供民用供暖，为中小工业园区集中供热。开展生物质发电市场化示范，完善区域垃圾焚烧处理收费制度，还原生物质发电环境价值。

（2）积极发展生物质能清洁供暖。合理发展以农林生物质、生物质成型燃料等为主的生物质锅炉供暖，鼓励采用大中型锅炉，在城镇等人口聚集区进行集中供暖，开展农林生物质供暖供热示范。在大气污染防治非重点地区乡村，可按照就地取材原则，因地制宜推广户用成型燃料炉具供暖。

（3）加快发展生物天然气。在粮食主产区、林业三剩物富集区、畜禽养殖集中区等种植养殖大县，以县域为单元建立产业体系，积极开展生物天然气示范。统筹规划建设年产千万立方米级的生物天然气工程，形成并入城市燃气管网以及车辆用气、锅炉燃料、发电等多元应用模式。

（4）大力发展非粮生物质液体燃料。积极发展纤维素等非粮燃料乙醇，鼓励开展醇、电、气、肥等多联产示范。支持生物柴油、生物航空煤油等领域先进技术装备研发和推广使用。

278. 什么是氢能？

氢能（Hydrogen Energy）是指氢在物理与化学变化过程中释放的能量，可用于发电、各种车辆和飞行器用燃料、家用燃料等。

279. 灰氢、蓝氢、绿氢指的是什么？

灰氢（Gray Hydrogen），是通过化石燃料（煤炭、石油、天然气等）燃烧产生的氢气，在生产过程中会有二氧化碳等气体排放。灰氢的生产成本较低，制氢技术较为简单，这种类型的氢气占当今全球氢气产量的份额最大，碳排放量最高。

蓝氢（Blue Hydrogen），是将天然气通过蒸汽甲烷重整或自热蒸汽重整制成的氢气。虽然天然气也属于化石燃料，在生产蓝氢时也会产生温室气体，但是生产过程中使用了碳捕集、利用与封存（CCUS）等先进技术捕获温室气体，实现了低排放生产。简单来说，蓝氢是在灰氢的基础上，应用碳捕集、利用与封存技术，实现低碳制氢。

绿氢（Green Hydrogen），是通过使用再生能源（例如太阳能、风能、核能等）制造的氢气，例如通过可再生能源发电进行电解水制氢，在生产绿氢的过程中基本没有碳排放，因此这种类型的氢气也被称为"零碳氢气"。

280. 什么是低碳氢？什么是清洁氢？什么是可再生氢气？

低碳氢是指生产过程中所产生的温室气体排放值低于特定限值的氢气。这里的特定限值为 $14.51 \text{ kg CO}_2\text{e/kgH}_2$。

清洁氢是指生产过程中所产生的温室气体排放值低于 $4.90 \text{ kg CO}_2\text{e/kgH}_2$ 的氢气。

可再生氢气生产过程中所产生的温室气体排放的限值与清洁氢相同，且氢气的生产所消耗的能源为可再生能源。

281. 低碳氢、清洁氢与可再生能源氢的量化标准是什么？

2020 年 12 月 29 日，由中国氢能联盟提出的《低碳氢、清洁氢与可再生氢的标准与评价》正式发布实施。该标准运用生命周期评价方法建立了低碳氢、清洁氢和可再生氢的量化标准及评价体系，从源头出发推动氢能全产业链绿色发展。标准指出，在单位氢气碳排放量方面，低碳氢的阈值为 $14.51 \text{ kg CO}_2\text{e/kgH}_2$，清洁氢和可再生氢的阈值为 4.9 kg CO₂e/kgH₂，可再生氢同时要求制氢能源为可再生能源。

282. 什么是氢燃料电池?

氢燃料电池是将氢气和氧气的化学能直接转换成电能的发电装置。其基本原理是电解水的逆反应，把氢和氧分别供给阳极和阴极，氢通过阳极向外扩散和电解质发生反应后，放出电子通过外部的负载到达阴极。

283. 什么是液氢? 什么是固态氢?

液氢（Liquid Hydrogen）是以液态形式存在的氢气，是一种无色、透明的低温液体。正常沸点为 20.38 K，沸点时密度为 70.77 kg/m³。

固态氢（Solid Hydrogen）是指气态氢的双原子分子凝结成的雪白固体絮状物，密度是 80.7 kg/m³（11.15 K），熔点为 14.01 K。

284. 什么是氢气加氢站? 什么是氢气长管拖车?

氢气加氢站（Hydrogen Filling Station）是指为氢能汽车或氢气内燃机汽车或氢气天然气混合燃料汽车储气容器充装车用氢燃料的专门场所。

氢气长管拖车（Tube Trailers for Gaseous Bydrogen）是指由若干个大容积高压氢气瓶组装后设置在汽车拖车上，用于运输高压氢气的装置，配带相应的管道、阀门、安全装置等。

285. 什么是高压储氢? 什么是液态储氢? 什么是金属氢化物储氢?

高压储氢（Hydrogen Storage in High Pressure Tank）是指将氢气在 10 MPa–100 MPa 压力下充装在特制的压力容器中。

液态储氢（Hydrogen Storage in Liquid State）是指将温度降至 20.43 K 以下，使氢气转变为液态氢的储存方式。

金属氢化物储氢（Hydrogen Storage in Metal Hydrides）是指利用某些金属或合金能够在一定氢压下吸氢生成金属氢化物的特性，将氢储存在金属或合金中的储存方式。

286. 什么是氢内燃机? 什么是氢燃料汽车?

氢内燃机（Hydrogen Internal Combustion Engine，HICE）是指使用氢气为燃料的内燃机。

氢燃料汽车（Hydrogen Powered Vehicle）是指用纯氢气或含氢气的混合物作燃料的汽车。

287. 氢能有哪些特点?

氢位于元素周期表之首,它的原子序数为1,在常温常压下为气态,在超低温高压下又可成为液态。作为能源,氢有以下特点:

（1）所有元素中氢的质量最轻,在标准状态下,它的密度为0.0899g/L,约为水的密度的万分之一。在-252.7℃时,可变为液体,密度为70g/L,约为水的十五分之一。

（2）作为元素周期表上的第一号元素,氢的原子半径非常小,氢气能穿过大部分肉眼看不到的微孔。不仅如此,在高温、高压下,氢气甚至可以穿过很厚的钢板。

（3）氢气非常活泼,稳定性极差,泄漏后易发生燃烧和爆炸。氢气的爆炸极限:4.0%-74.2%（氢气的体积占混合气总体积比）。

（4）氢燃烧性能好,点燃快,与空气混合时有广泛的可燃范围,而且燃点高,燃烧速度快。

（5）氢本身无毒,与其他燃料相比氢燃烧时最清洁,除生成水和少量氮化氢外不会产生诸如一氧化碳、二氧化碳、碳氢化合物、铅化物和粉尘颗粒等对环境有害的污染物质,少量的氮化氢经过适当处理也不会污染环境,而且燃烧生成的水还可继续制氢,反复循环使用。

（6）氢能利用形式多,既可以通过燃烧产生热能,在热力发动机中产生机械功,又可以作为能源材料用于燃料电池,或转换成固态氢用作结构材料。用氢代替煤和石油,不需对现有的技术装备作重大的改造,现在的内燃机稍加改装即可使用。

（7）氢可以以气态、液态或固态的金属氢化物出现,能适应贮运及各种应用环境的不同要求。

氢是一种理想的新能源,但是要利用氢能必须制备氢能和储运氢能,氢的规模制备是氢能应用的基础,氢的规模储运是氢能应用的关键,氢燃料电池汽车是氢能应用的最佳表现形式。

288. 氢能对于碳中和有什么意义?

氢是一种清洁高效的二次能源,无法直接从自然界中获取,必须通过制备得到。利用清洁能源发电制氢（绿氢）是未来解决电力发展的重要方向。在未来十年里,利用可再生能源制氢成本有望大幅下降;到2050年可再生能源制氢成本预计将低于化石能源制氢成本,为大规模推行氢能利用带来方便。

2019 年 3 月，国务院《政府工作报告》首次提及"氢能"。近年来，中国相关部委和地方政府已出台近 200 个政策文件推动氢能在能源转型、科技创新、"双碳"行动等方面发挥更大作用。2020 年 4 月，国家能源局发布的《中华人民共和国能源法（征求意见稿）》首次将氢能列入能源范畴，这是继 2019 年首次将氢能写入中央政府工作报告之后，从法律层面明确了氢能的能源地位，对于释放氢能应用潜力具有极大的促进作用。2022 年 3 月，国家发展改革委、国家能源局联合印发《氢能产业发展中长期规划（2021—2035 年）》，以实现"双碳"目标为总体方向，明确了氢能是未来国家能源体系的重要组成部分，是用能终端实现绿色低碳转型的重要载体，也是战略性新兴产业和未来产业的重点发展方向。氢能作为高效低碳的能源载体，绿色清洁的工业原料，在交通、工业、建筑、电力等多领域拥有丰富的落地场景，未来有望获得快速发展。

289. 氢能的应用场景有哪些？

工业和交通为氢能的主要应用领域，建筑、发电和供热等领域仍然处于探索阶段。据预测，到 2060 年，工业领域和交通领域氢气使用量分别占比 60% 和 31%，电力领域和建筑领域占比分别为 5% 和 4%。

（1）工业领域。氢不仅作为工业燃料，也可以作为工业原料帮助工业减碳发展。在钢铁领域，2020 年中国钢铁行业碳排放总量约 18 亿吨，占中国碳排放总量的 15% 左右。按照 2030 年减碳 30% 的目标，需减排 5.4 亿吨，面临巨大挑战。氢冶金有望成为钢铁行业实现碳达峰碳中和目标的重要路径。在化工行业，氢气是合成氨、合成甲醇、石油精炼和煤化工行业中的重要原料。目前，工业用氢主要依赖化石能源制取。随着可再生能源发电价格持续下降，到 2030 年中国部分地区有望实现绿氢平价，绿氢将进入工业领域，逐渐成为化工生产常规原料。

（2）交通领域。燃料电池汽车是氢能在交通领域的主要应用场景，未来有望实现高速增长。2020 年由于受到疫情等因素影响，中国燃料电池汽车产销量出现下降，但 2021 年燃料电池汽车产量和销量分别同比增加 35% 和 49%；2022 年以来燃料电池汽车产销量进一步增加，上半年燃料电池汽车产量 1804 辆，已经超过 2021 年全年。中国《氢能产业发展中长期规划（2021—2035 年）》显示，规划到 2025 年中国氢燃料电池车辆保有量达到 5 万辆。据此计算，未来几年中国燃料电池汽车保有量年均增长率将超过 50%。

（3）发电领域。氢能发电有两种方式，一种是将氢能用于燃气轮机，带动电机产生电流输出，即"氢能发电机"；另一种是利用电解水的逆反应，氢气与氧气（或空气）

发生电化学反应生成水并释放出电能，即"燃料电池技术"。目前两种氢能发电均存在成本较高的问题。燃料电池发电成本大约 2.5—3 元 / 度，而其他技术发电成本基本低于 1 元 / 度。降低成本是氢能在发电领域发展的关键。

（4）建筑领域。氢能目前在建筑供热供暖中应用相对有限。与天然气比较，氢气在供热效率、成本、安全和基础设施等方面仍有待提高。早期氢气在建筑中的使用是混合形式，在 21 世纪 30 年代后期，纯氢在建筑中的使用有望超过混合氢气。

290. 如何发展氢能？

（1）系统构建支撑氢能产业高质量发展创新体系。围绕氢能高质量发展重大需求，准确把握氢能产业创新发展方向，聚焦短板弱项，适度超前部署一批氢能项目，持续加强基础研究、关键技术和颠覆性技术创新，建立完善更加协同高效的创新体系，不断提升氢能产业竞争力和创新力。

①持续提升关键核心技术水平。加快推进质子交换膜燃料电池技术创新，开发关键材料，提高主要性能指标和批量化生产能力，持续提升燃料电池可靠性、稳定性、耐久性。支持新型燃料电池等技术发展。着力推进核心零部件以及关键装备研发制造。加快提高可再生能源制氢转化效率和单台装置制氢规模，突破氢能基础设施环节关键核心技术。开发临氢设备关键影响因素监测与测试技术，加大制、储、输、用氢全链条安全技术开发应用。

持续推进绿色低碳氢能制取、储存、运输和应用等各环节关键核心技术研发。持续开展光解水制氢、氢脆失效、低温吸附、泄漏 / 扩散 / 燃爆等氢能科学机理，以及氢能安全基础规律研究。持续推动氢能先进技术、关键设备、重大产品示范应用和产业化发展，构建氢能产业高质量发展技术体系。

②着力打造产业创新支撑平台。聚焦氢能重点领域和关键环节，构建多层次、多元化创新平台，加快集聚人才、技术、资金等创新要素。支持高校、科研院所、企业加快建设重点实验室、前沿交叉研究平台，开展氢能应用基础研究和前沿技术研究。依托龙头企业整合行业优质创新资源，布局产业创新中心、工程研究中心、技术创新中心、制造业创新中心等创新平台，构建高效协作创新网络，支撑行业关键技术开发和工程化应用。鼓励行业优势企业、服务机构，牵头搭建氢能产业知识产权运营中心、氢能产品检验检测及认证综合服务、废弃氢能产品回收处理、氢能安全战略联盟等支撑平台，结合专利导航等工作服务行业创新发展。支持"专精特新"中小企业参与氢能产业关键共性技术研发，培育一批自主创新能力强的单项冠军企业，促进大中小企业协同创新融通发展。

③推动建设氢能专业人才队伍。以氢能技术创新需求为导向，支持引进和培育高端人才，提升氢能基础前沿技术研发能力。加快培育氢能技术及装备专业人才队伍，夯实氢能产业发展的创新基础。建立健全人才培养培训机制，加快推进氢能相关学科专业建设，壮大氢能创新研发人才群体。鼓励职业院校（含技工院校）开设相关专业，培育高素质技术技能人才及其他从业人员。

④积极开展氢能技术创新国际合作。鼓励开展氢能科学和技术国际联合研发，推动氢能全产业链关键核心技术、材料和装备创新合作，积极构建国际氢能创新链、产业链。积极参与国际氢能标准化活动。坚持共商共建共享原则，探索与共建"一带一路"国家开展氢能贸易、基础设施建设、产品开发等合作。加强与氢能技术领先的国家和地区开展项目合作，共同开拓第三方国际市场。

（2）统筹推进氢能基础设施建设。统筹全国氢能产业布局，合理把握产业发展进度，避免无序竞争，有序推进氢能基础设施建设，强化氢能基础设施安全管理，加快构建安全、稳定、高效的氢能供应网络。

①合理布局制氢设施。结合资源禀赋特点和产业布局，因地制宜选择制氢技术路线，逐步推动构建清洁化、低碳化、低成本的多元制氢体系。在焦化、氯碱、丙烷脱氢等行业集聚地区，优先利用工业副产氢，鼓励就近消纳，降低工业副产氢供给成本。在风光水电资源丰富地区，开展可再生能源制氢示范，逐步扩大示范规模，探索季节性储能和电网调峰。推进固体氧化物电解池制氢、光解水制氢、海水制氢、核能高温制氢等技术研发。探索在氢能应用规模较大的地区设立制氢基地。

②稳步构建储运体系。以安全可控为前提，积极推进技术材料工艺创新，支持开展多种储运方式的探索和实践。提高高压气态储运效率，加快降低储运成本，有效提升高压气态储运商业化水平。推动低温液氢储运产业化应用，探索固态、深冷高压、有机液体等储运方式应用。开展掺氢天然气管道、纯氢管道等试点示范。逐步构建高密度、轻量化、低成本、多元化的氢能储运体系。

③统筹规划加氢网络。坚持需求导向，统筹布局建设加氢站，有序推进加氢网络体系建设。坚持安全为先，节约集约利用土地资源，支持依法依规利用现有加油加气站的场地设施改扩建加氢站。探索站内制氢、储氢和加氢一体化的加氢站等新模式。

（3）稳步推进氢能多元化示范应用。坚持以市场应用为牵引，合理布局、把握节奏，有序推进氢能在交通领域的示范应用，拓展在储能、分布式发电、工业等领域的应用，推动规模化发展，加快探索形成有效的氢能产业发展的商业化路径。

①有序推进交通领域示范应用。立足本地氢能供应能力、产业环境和市场空间等基础条件，结合道路运输行业发展特点，重点推进氢燃料电池中重型车辆应用，有序

拓展氢燃料电池等新能源客、货汽车市场应用空间，逐步建立燃料电池电动汽车与锂电池纯电动汽车的互补发展模式。积极探索燃料电池在船舶、航空器等领域的应用，推动大型氢能航空器研发，不断提升交通领域氢能应用市场规模。

②积极开展储能领域示范应用。发挥氢能调节周期长、储能容量大的优势，开展氢储能在可再生能源消纳、电网调峰等应用场景的示范，探索培育"风光发电＋氢储能"一体化应用新模式，逐步形成抽水蓄能、电化学储能、氢储能等多种储能技术相互融合的电力系统储能体系。探索氢能跨能源网络协同优化潜力，促进电能、热能、燃料等异质能源之间的互联互通。

③合理布局发电领域多元应用。根据各地既有能源基础设施条件和经济承受能力，因地制宜布局氢燃料电池分布式热电联供设施，推动在社区、园区、矿区、港口等区域内开展氢能源综合利用示范。依托通信基站、数据中心、铁路通信站点、电网变电站等基础设施工程建设，推动氢燃料电池在备用电源领域的市场应用。在可再生能源基地，探索以燃料电池为基础的发电调峰技术研发与示范。结合偏远地区、海岛等用电需求，开展燃料电池分布式发电示范应用。

④逐步探索工业领域替代应用。不断提升氢能利用经济性，拓展清洁低碳氢能在化工行业替代的应用空间。开展以氢作为还原剂的氢冶金技术研发应用。探索氢能在工业生产中作为高品质热源的应用。扩大工业领域氢能替代化石能源应用规模，积极引导合成氨、合成甲醇、炼化、煤制油气等行业由高碳工艺向低碳工艺转变，促进高耗能行业绿色低碳发展。

（4）加快完善氢能发展政策和制度保障体系。牢固树立安全底线，完善标准规范体系，加强制度创新供给，着力破除制约产业发展的制度性障碍和政策性瓶颈，不断夯实产业发展制度基础，保障氢能产业创新可持续发展。

①建立健全氢能政策体系。制定完善氢能管理有关政策，规范氢能制备、储运和加注等环节建设管理程序，落实安全监管责任，加强产业发展和投资引导，推动氢能规模化应用，促进氢能生产和消费，为能源绿色转型提供支撑。完善氢能基础设施建设运营有关规定，注重在建设要求、审批流程和监管方式等方面强化管理，提升安全运营水平。研究探索可再生能源发电制氢支持性电价政策，完善可再生能源制氢市场化机制，健全覆盖氢储能的储能价格机制，探索氢储能直接参与电力市场交易。

②建立完善氢能产业标准体系。推动完善氢能制、储、输、用标准体系，重点围绕建立健全氢能质量、氢安全等基础标准，制氢、储运氢装置、加氢站等基础设施标准，交通、储能等氢能应用标准，增加标准有效供给。鼓励龙头企业积极参与各类标准研制工作，支持有条件的社会团体制定发布相关标准。在政策制定、政府采购、招

投标等活动中，严格执行强制性标准，积极采用推荐性标准和国家有关规范。推进氢能产品检验检测和认证公共服务平台建设，推动氢能产品质量认证体系建设。

③加强全链条安全监管。加强氢能安全管理制度和标准研究，建立健全氢能全产业安全标准规范，强化安全监管，落实企业安全生产主体责任和部门安全监管责任，落实地方政府氢能产业发展属地管理责任，提高安全管理能力水平。推动氢能产业关键核心技术和安全技术协同发展，加强氢气泄漏检测报警以及氢能相关特种设备的检验、检测等先进技术研发。积极利用互联网、大数据、人工智能等先进技术手段，及时预警氢能生产储运装置、场所和应用终端的泄漏、疲劳、爆燃等风险状态，有效提升事故预防能力。加强应急能力建设，研究制定氢能突发事件处置预案、处置技战术和作业规程，及时有效应对各类氢能安全风险。

（5）组织实施。充分认识发展氢能产业的重要意义，把思想、认识和行动统一到党中央、国务院的决策部署上来，加强组织领导和统筹协调，强化政策引导和支持，通过开展试点示范、宣传引导、督导评估等措施，确保规划目标和重点任务落到实处。

①充分发挥统筹协调机制作用。建立氢能产业发展部际协调机制，协调解决氢能发展重大问题，研究制定相关配套政策。强化规划引导作用，推动地方结合自身基础条件理性布局氢能产业，实现产业健康有序和集聚发展。

②加快构建"1+N"政策体系。坚持以规划为引领，聚焦氢能产业发展的关键环节和重大问题，在氢能规范管理、氢能基础设施建设运营管理、关键核心技术装备创新、氢能产业多元应用试点示范、国家标准体系建设等方面，制定出台相关政策，打造氢能产业发展"1+N"政策体系，有效发挥政策引导作用。

③积极推动试点示范。深入贯彻国家重大区域发展战略，不断优化产业空间布局，在供应潜力大、产业基础实、市场空间足、商业化实践经验多的地区稳步开展试点示范。支持试点示范地区发挥自身优势，改革创新，探索氢能产业发展的多种路径，在完善氢能政策体系、提升关键技术创新能力等方面先行先试，形成可复制可推广的经验。建立事中事后监管和考核机制，确保试点示范工作取得实效。

④强化财政金融支持。发挥好中央预算内投资引导作用，支持氢能相关产业发展。加强金融支持，鼓励银行业金融机构按照风险可控、商业可持续性原则支持氢能产业发展，运用科技化手段为优质企业提供精准化、差异化金融服务。鼓励产业投资基金、创业投资基金等按照市场化原则支持氢能创新型企业，促进科技成果转移转化。支持符合条件的氢能企业在科创板、创业板等注册上市融资。

⑤深入开展宣传引导。开展氢能制、储、输、用的安全法规和安全标准宣贯工作，增强企业主体安全意识，筑牢氢能安全利用基础。加强氢能科普宣传，注重舆论

引导，及时回应社会关切，推动形成社会共识。

⑥做好规划督导评估。加强对规划实施的跟踪分析、督促指导，总结推广先进经验，适时组织开展成效评估工作，及时研究解决规划实施中出现的新情况、新问题。规划实施中期，根据技术进步、资源状况和发展需要，结合规划成效评估工作，进一步优化后续任务工作方案。

291. 什么是储能？

储能是指通过介质或设备把能量存储起来，在需要时再释放的过程，通常储能是指电力储能。储能的基本方法是先将电力转化为其他形式的能量存放在储能装置中，并在需要时释放；根据能量转化的特点可以将电能转化为动能、势能和化学能等。储能的目的是实现电力在供应端、输送端以及用户端的稳定运行。

292. 储能行业与清洁能源转型的关系如何？

自中国提出碳达峰碳中和目标以来，储能行业的发展就像是被按下了加速键，储能商业化进程不断加快，作为可再生能源发展的关键技术之一，储能产业有望跟随光伏、风电一起成为快速发展的领域。储能作为一种柔性电力调节资源，在全球新能源替代传统化石能源低碳转型进程中，具备长期的、正向的、不可替代的社会价值，在新能源消纳、调峰调频等辅助服务、提升电网系统灵活性稳定性的技术必要性已得到充分验证。

293. 储能技术的发展潜力如何？

储能技术目前多元发展，在电源侧、电网、用户侧皆发挥作用。储能技术一般包括抽水蓄能、飞轮储能、压缩空气储能、电化学储能、超导磁储能等。不同的储能技术有其各自优缺点，并没有十全十美的储能技术。对于储能技术的选择，应针对应用场景或需求，一并考虑储能容量、功率、存储时间、效率、寿命及成本等因素，做出折中选择。各类储能技术是否能进一步发展，取决于该储能技术的规模等级、设备形态、技术水平、经济成本。至于政策的推动以及价格机制的完善更是影响国内储能技术发展的重要因素。抽水蓄能目前在国内外皆是最为成熟的大容量储能技术，选址和初期投资问题可能影响其未来发展，而地下抽水蓄能或许是一种替代的方案。

2021年，国家能源局发布《抽水蓄能中长期发展规划（2021—2035年）》，要求加快抽水蓄能电站核准建设，到2025年，抽水蓄能投产总规模较"十三五"翻一番，达到6200万千瓦以上；到2030年，抽水蓄能投产总规模较"十四五"再翻一番，达到 1.2 亿千瓦左右。

294. 储能的应用场景都有哪些?

储能应用于电网输配与辅助服务、可再生能源并网、分布式及微网以及用户侧各部分。在电网输配和辅助服务方面,储能技术作用分别是电网调峰、加载以及启动和缓解输电阻塞、延缓输电网以及配电网的升级;在可再生能源并网方面,储能用于平滑可再生能源输出、吸收过剩电力减少"弃风弃光"以及即时并网;在分布式及微网方面,储能用于稳定系统输出、作为备用电源并提高调度的灵活性;在用户侧,储能用于工商业削峰填谷、需求侧响应以及能源成本管理。

295. 如何加快新型储能技术规模化应用?

大力推进电源侧储能发展,合理配置储能规模,改善新能源场站出力特性,支持分布式新能源合理配置储能系统。优化布局电网侧储能,发挥储能消纳新能源、削峰填谷、增强电网稳定性和应急供电等多重作用。积极支持用户侧储能多元化发展,提高用户供电可靠性,鼓励电动汽车、不间断电源等用户侧储能参与系统调峰调频。拓宽储能应用场景,推动电化学储能、梯级电站储能、压缩空气储能、飞轮储能等技术多元化应用,探索储能聚合利用、共享利用等新模式新业态。

296. 消费品行业碳达峰实施方案是什么?

造纸行业建立农林生物质剩余物回收储运体系,研发利用生物质替代化石能源技术,推广低能耗蒸煮、氧脱木素、宽压区压榨、污泥余热干燥等低碳技术装备。到 2025 年,产业集中度前 30 位企业达 75%,采用热电联产占比达 85%;到 2030 年,热电联产占比达 90% 以上。纺织行业发展化学纤维智能化高效柔性制备技术,推广低能耗印染装备,应用低温印染、小浴比染色、针织物连续印染等先进工艺。加快推动废旧纺织品循环利用。到 2025 年,差别化高品质绿色纤维产量和比重大幅提升,低温、短流程印染低能耗技术应用比例达 50%,能源循环利用技术占比达 70%。到 2030 年,印染低能耗技术占比达 60%。

297. 装备制造行业碳达峰实施方案是什么?

围绕电力装备、石化通用装备、重型机械、汽车、船舶、航空等领域绿色低碳需求,聚焦重点工序,加强先进铸造、锻压、焊接与热处理等基础制造工艺与新技术融合发展,实施智能化、绿色化改造。加快推广抗疲劳制造、轻量化制造等节能节材工艺。研究制定电力装备及技术绿色低碳发展路线图。到 2025 年，一体化压铸成形、无模铸造、超高强钢热成形、精密冷锻、异质材料焊接、轻质高强合金轻量化、激光热处理等先进近净成形工艺技术实现产业化应用。到 2030 年，创新研发一批先进绿色制造技术，大幅降低生产能耗。

298. 电子行业碳达峰实施方案是什么？

强化行业集聚和低碳发展，进一步降低非电能源的应用比例。以电子材料、元器件、典型电子整机产品为重点，大力推进单晶硅、电极箔、磁性材料、锂电材料、电子陶瓷、电子玻璃、光纤及光纤预制棒等生产工艺的改进。加快推广多晶硅闭环制造工艺、先进拉晶技术、节能光纤预制及拉丝技术、印制电路板清洁生产技术等研发和产业化应用。到 2025 年，连续拉晶技术应用范围 95% 以上，锂电材料、光纤行业非电能源占比分别在 7%、2% 以下。到 2030 年，电子材料、电子整机产品制造能耗显著下降。

299. 什么是制造业？

制造业是对包括一切生产或装配制成品的工厂、公司和工业部门的总称。

300. 什么是绿色制造？

绿色制造（Green Manufacturing）是现代制造业的可持续发展模式。其目标是使得产品在其整个生命周期中，资源消耗极少、生态环境负面影响极小、人体健康与安全危害极小，并最终实现企业经济效益和社会效益的持续协调优化。

301. 如何建设绿色制造体系？

加强持久性有机污染物、内分泌干扰物、铅汞铬等有害物质源头管控和绿色原材料采购，推广全生命周期绿色发展理念。完善绿色工厂评价、节水节能规范等标准，建设统一的绿色产品标准、认证、标识体系。积极推行绿色制造，培育一批绿色制造典型。鼓励企业进园入区，引导企业逐步淘汰高耗能设备和工艺，推广使用绿色、低碳、环保工艺和设备，推进节能降碳改造、清洁生产改造、清洁能源替代、新污染物环境风险管控、节水工艺改造提升，提升清洁生产水平、减污降碳协同控制水平及能源、资源综合利用水平。

302. 机电产品再制造节能减排的国家标准是什么？

2022 年 3 月 9 日，机电产品再制造节能减排的国家标准《再制造—节能减排评价指标及计算方法》正式发布。本标准规定了机电产品再制造节能减排评价指标及计算方法。适用于中国境内的机电产品再制造组织开展节能减排评价活动，将于 10 月 1 日起正式实施。

本标准的意义在于通过结合中国循环经济与再制造的特点，完善了中国循环经济综合评价指标体系。同时，能够有序引导、规范中国再制造产业的发展。

303. 什么是绿色供应链？

绿色供应链（Green Supply Chain）是指将环境保护和资源节约的理念贯穿于企业从产品设计到原材料采购、生产、运输、储存、销售、使用和报废处理的全过程，使企业的经济活动与环境保护相协调的上下游供应关系。

304. 企业绿色供应链管理的基本要求是什么？

（1）具有独立法人资格。

（2）具有较强的行业影响力。

（3）具有较完善的能源资源、环境管理体系，各项管理制度健全，符合国家和地方的法律法规及标准规范要求，近三年无重大安全和环境污染事故。

（4）拥有数量众多的供应商，在供应商中有很强的影响力，与上下游供应商建立良好的合作关系。

（5）有完善的供应商管理体系，建立健全的供应商认证、选择、审核、绩效管理和退出机制。

（6）有健全的财务管理制度，销售盈利能力处于行业领先水平。

（7）对实施绿色供应链管理有明确的工作目标、思路、计划和措施。

305. 什么是绿色工厂？

绿色工厂是实现了用地集约化、原料无害化、生产洁净化、废物资源化、能源低碳化的工厂。绿色工厂作为绿色制造体系的核心支撑单元，是绿色制造的实施主体。

306. 申报绿色工厂的关键指标是什么？

绿色工厂申报以《绿色工厂评价通则》（GB/T 36132—2018）为依据，一级指标包括基础设施、管理体系、能源资源投入、产品、环境排放和绩效 6 大类，共细分为 25 项二级指标，总分共 100 分，其中，基础设施分值占比 20%，管理体系和能源资源投入都为 15%，产品和环境排放都为 10%，绩效占比 30%

（1）基础设施方面，包含通风采光良好、布局规划合理、满足生产需求、同时不浪费资源、厂区内能源计量设备要齐全等。

（2）要有相关的三体系和能源管理体系认证。

（3）能源和资源的投入情况，包含可再生资源、清洁能源。采用新型能源，优化生产工艺。合理利用设备的余热和余压。借助智能技术和物联网技术，提高能源的配置效率等。

（4）产品评价方面，包含材料的选用上、种类要集中，可回收程度高。采用标准化设计，提高产品的使用周期。在整个生产流程中对碳足迹进行跟踪等。

（5）环境排放方面要做的更好，如容积率、单位产品废气产生量、单位产品废水产生量等相关指标要达到相关绩效标准等。

307. 什么是绿色设计产品？

绿色设计产品，又称生态设计产品，是指在原材料获取、产品生产、使用、废弃处置等全生命周期过程中，在技术可行和经济合理的前提下，确保产品的资源和能源利用高效性、可降解性、生物安全性、无毒无害或低毒低害性、低排放性，符合生态设计理念和评价要求的产品。

308. 什么是绿色物流？

绿色物流是指通过充分利用物流资源，采用先进的物流技术，合理规划和实施运输、储存、装卸、搬运、包装、流通加工、配送、信息处理等物流活动，降低物流对环境影响的过程。

与传统的物流相比，绿色物流在目标、行为主体、活动范围及其理论基础四个方面都有自身的一些显著的特点。绿色物流的理论基础更广，包括可持续发展理论、生态经济学理论和生态伦理学理论；绿色物流的行为主体更多，它不仅包括专业的物流企业，还包括产品供应链上的制造企业和分销企业，同时还包括不同级别的政府和物流行政主管部门等；绿色物流的活动范围更宽，它不仅包括商品生产的绿色化，还包括物流作业环节和物流管理全过程的绿色化；绿色物流的最终目标是可持续性发展，实现该目标的准则不仅仅是经济利益，还包括社会利益和环境利益，并且是这些利益的统一。

309. 如何推动绿色仓储建设？

绿色仓储是指以环境污染小、货物损失少、运输成本低等为特征的仓储。

可从以下三个方面推动绿色仓储建设：

（1）合理选址，节约运输成本。如果仓库过于松散，会降低运输效率，增加空载率；如果过于密集，又会增加能源消耗，增加污染物排放；仓库布局要总体规划，根据企业可持续性发展战略要求，做到绿色仓储化。

（2）科学的仓储布局。使仓库空间得到最充分的利用，从而实现仓储面积利用的最大化，降低企业仓储成本。

（3）充分考虑仓库建设和运营，尽可能采用节能环保技术及设备。

310. 什么是绿色工业园区？

绿色工业园区是指以可持续发展理念、清洁生产要求、循环经济理念和工业生态学原理为指导，通过物质流或能量流传递等方式寻求物质闭路循环、能量多级利用和废物最小化的途径，从而形成资源共享和副产品互换的产业共生组合，最大限度地提高资源能源利用效率，从工业生产源头上将污染物的产生降至最低的一种新型工业园区。

311. 绿色工业园区的评价要求是什么？

（1）国家和地方绿色、循环和低碳相关法律法规、政策和标准应得到有效的贯彻执行。

（2）近三年，未发生重大污染事故或重大生态破坏事件，完成国家或地方政府下达的节能减排指标，碳排放强度持续下降。

（3）环境质量达到国家或地方规定的环境功能区环境质量标准，园区内企业污染物达标排放，各类重点污染物排放总量均不超过国家或地方的总量控制要求。

（4）园区重点企业 100% 实施清洁生产审核。

（5）园区企业不应使用国家列入淘汰目录的落后生产技术、工艺和设备，不应生产国家列入淘汰目录的产品。

（6）园区建立履行绿色发展工作职责的专门机构、配备 2 名以上专职工作人员。

（7）鼓励园区建立并运行环境管理体系和能源管理体系，建立园区能源监测管理平台。

（8）鼓励园区建设并运行风能、太阳能等可再生能源应用设施。

312. 工业园区的碳排放现状如何？

自改革开放以来，中国历经 40 多年的探索与发展，工业园区已成为工业发展及城市建设的主要载体，并衍生出以不同产业类型为主导的各类产业园区。根据工信部

《工业转型升级规划（2011—2015）》发布的数据，国家级和省级工业园区多达2500家以上，"十一五"期间工业园区贡献了中国50%以上的工业产出。

工业园区的耗能约占全社会总耗能的69%，贡献了中国能源相关二氧化碳排放量的31%，随着工业企业的入园率不断提高，2020年诸多城市的化工企业入园率达到80%，工业园区对中国碳排放量的贡献率会持续增长。

根据测算，直接排放占园区温室气体总排放量的85%，即煤炭、天然气、石油等化石燃料燃烧产生的碳排放是园区碳排放的来源，因此能源端的转型升级是园区脱碳的重要抓手。间接排放占园区温室气体总排放量的15%，虽然占比较低但仍有相当比例，对外购电力、热力所产生的碳排放同样需要加以关注并减缓。

313. 什么是建筑碳排放？什么是建筑碳汇？

建筑碳排放（Building Carbon Emission）是指建筑物在与其有关的建材生产及运输、建造及拆除、运行阶段产生的温室气体排放的总和，以二氧化碳当量表示。

建筑碳汇（Carbon Sink of Buildings）是指在划定的建筑物项目范围内，绿化、植被从空气中吸收并存储的二氧化碳量。

314. 什么是绿色建材？什么是绿色建筑？

绿色建材是指在全寿命期内可减少对资源的消耗、减轻对生态环境的影响，具有节能、减排、安全、健康、便利和可循环特征的建材产品。

绿色建筑是指在全寿命期内，节约资源、保护环境、减少污染，为人们提供健康、适用、高效的使用空间，最大限度地实现人与自然和谐共生的高质量建筑。

315. 什么是"光储直柔"建筑？

光储直柔，是太阳能光伏、储能、直流配电和柔性用电四项技术的简称。"光"指充分利用建筑表面发展光伏发电；"储"指蓄电池，包括电动汽车内的蓄电池和建筑内部的蓄电池，为建筑形成强大的蓄电能力，从而解决移峰调节问题；"直"指建筑内部的直流配电系统，通过对直流电压的控制，调节建筑内部用电设备的用电功率；"柔"指通过调节直流电压、利用储能移峰、调整用电负荷等手段主动改变建筑从市政电网取电功率，使建筑用电由刚性负载转变为柔性负载，实现柔性用电。

316. 什么是零碳建筑？

零碳建筑是指充分利用建筑本体节能措施和可再生能源资源，使可再生能源二氧化碳减排量大于等于建筑全年全部二氧化碳排放量的建筑，其建筑能耗水平应符合现行国家标准《近零能耗建筑技术标准》（GB/T 51350）相关规定。

317. 什么是近零能耗建筑?

近零能耗建筑是指适应气候特征和场地条件，通过被动式建筑设计最大幅度降低建筑供暖、空调、照明需求，通过主动技术措施最大幅度提高能源设备与系统效率，充分利用可再生能源，以最少的能源消耗提供舒适室内环境，且其建筑能耗水平应较国家标准和行业标准降低 60%—75%。

318. 什么是智能建筑?

智能建筑（Intelligent Building）是以建筑物为平台，基于对各类智能化信息的综合应用，集架构、系统、应用、管理及优化组合为一体，具有感知、传输、记忆、推理、判断和决策的综合智慧能力，形成以人、建筑、环境互为协调的整合体，为人们提供安全、高效、便利及可持续发展功能环境的建筑。

319. 中国建筑部门的能源消费情况如何?

建筑部门的碳排放，体现在建筑的全寿命周期，建筑材料与设备生产和运输阶段、建筑施工阶段、建筑运营阶段、建筑拆除阶段。2021 年 12 月，中国建筑节能协会、重庆大学发布了《2021 中国建筑能耗与碳排放研究报告》。报告数据指出，2019 年中国建筑全过程能耗总量为 22.33 亿吨标准煤，其中建筑运行阶段能耗为 10.3 亿吨标准煤，占中国能源消费总量的比重为 21.2%。

320. 建筑运行能耗如何分类?

建筑运行能耗分为四大类：北方城镇供暖用能、城镇住宅用能（不包含北方地区的供暖）、公共建筑用能（不包含北方地区的供暖），以及农村住宅用能。

321. 碳达峰碳中和目标下建筑行业如何转型发展?

住建部《"十四五"建筑节能与绿色建筑发展规划》（简称《规划》）提出，到 2025 年，中国城镇新建建筑将全面建成绿色建筑，建筑能源利用效率稳步提升，建筑用能结构逐步优化，建筑能耗和碳排放增长趋势得到有效控制，基本形成绿色、低碳、循环的建设发展方式。

为了实现上述目标，《规划》提出了提升绿色建筑发展质量、提高新建建筑节能水平、加强既有建筑节能绿色改造、推动可再生能源应用、实施建筑电气化工程、推广新型绿色建造方式、促进绿色建材推广应用、推进区域建筑能源协同、推动绿色城市建设等九大重点任务。

322. 绿色建筑的可持续技术有哪些?

在建筑中应用绿色技术的益处是全面而深远的，无论是对新建筑还是现有建筑都具有显著的优势。绿色技术让建筑更高效和可持续，由此降低建筑的碳足迹和对环境的影响。

（1）太阳能越来越多地作为一种可持续建筑技术。在绿色建筑中，太阳能利用通常有两种方式，主动式和被动式。

（2）利用生物可降解材料是一种让建筑可持续化的环保方式。建筑基础、墙面和保温使用生物可降解材料也是可持续施工技术的构成之一。

（3）绿色保温材料的使用已经被认为是一种可持续的施工技术，消除了来源于不可再生的高度成型材料的使用。

（4）智能电器的使用成为可持续建筑技术不可缺少的组成，这类技术旨在建设零能房屋和商用建筑。

（5）冷顶是可持续绿色设计技术，旨在反射热量和太阳光。通过降低热吸收和热辐射，保证房屋和建筑达到标准室内温度。

（6）可持续资源利用是可持续建筑技术的首要表现，因为它确保所使用的建筑材料设计和来源于回收产品，且必须是环保的。

（7）可持续建筑技术通常包括减少能耗的机制。例如，木质房屋是一种可持续建筑技术，与钢筋混凝土建筑相比，其能耗更低。可持续绿色建筑也使用密闭性更好、通风效果更佳的高性能窗户和保温技术。这些技术意味着减少对空调和供暖的依赖。利用太阳和水等可再生能源也是低能耗房屋和零能建筑设计的组成。零能建筑的初投资可能较高，但从长远看是值得的。

（8）电子智能玻璃是一种新技术，尤其是在夏季，他可以阻挡太阳辐射的热量。智能玻璃利用微小电信号对玻璃进行微充电，以改变其对太阳辐射的反射量。

（9）节水可持续化建筑技术降低了水利用成本，有助于节约用水。在城市，该技术减少了15%的用水，以解决净水短缺问题。

（10）绿色建筑必须使用可持续室内技术。所用材料必须确保满足绿色安全标准，包括无危害、无毒材料、低挥发性和耐潮湿。

（11）先进的自供电建筑是一门可持续建筑艺术，原因在于自供电建筑实现了零能。

（12）夯土砖是一种古老的建筑技术，为适应环保和可持续化的需求而被重新使用。夯土结构有助于减少排放，确保建筑在夏季保持凉爽，在冬季保持温暖。

323. 什么是绿色建造？

绿色建造是指按照绿色发展的要求，通过科学管理和技术创新，采用有利于节约资源、保护环境、减少排放、提高效率、保障品质的建造方式，实现人与自然和谐共生的工程建造活动。

324. 如何加强高品质绿色建筑建设？

推进绿色建筑标准实施，加强规划、设计、施工和运行管理。倡导建筑绿色低碳设计理念，充分利用自然通风、天然采光等，降低住宅用能强度，提高住宅健康性能。推动有条件地区政府投资公益性建筑、大型公共建筑等新建建筑全部建成星级绿色建筑。引导地方制定支持政策，推动绿色建筑规模化发展，鼓励建设高星级绿色建筑。降低工程质量通病发生率，提高绿色建筑工程质量。开展绿色农房建设试点。

325. 如何提高新建建筑节能水平？

以《建筑节能与可再生能源利用通用规范》确定的节能指标要求为基线，启动实施中国新建民用建筑能效"小步快跑"提升计划，分阶段、分类型、分气候区提高城镇新建民用建筑节能强制性标准，重点提高建筑门窗等关键部品节能性能要求，推广地区适应性强、防火等级高、保温隔热性能好的建筑保温隔热系统。推动政府投资公益性建筑和大型公共建筑提高节能标准，严格管控高耗能公共建筑建设。引导京津冀、长三角等重点区域制定更高水平节能标准，开展超低能耗建筑规模化建设，推动零碳建筑、零碳社区建设试点。在其他地区开展超低能耗建筑、近零能耗建筑、零碳建筑建设示范。推动农房和农村公共建筑执行有关标准，推广适宜节能技术，建成一批超低能耗农房试点示范项目，提升农村建筑能源利用效率，改善室内热舒适环境。

326. 如何加强既有建筑节能绿色改造？

（1）提高既有居住建筑节能水平。除违法建筑和经鉴定为危房且无修缮保留价值的建筑外，不大规模、成片集中拆除现状建筑。在严寒及寒冷地区，结合北方地区冬季清洁取暖工作，持续推进建筑用户侧能效提升改造、供热管网保温及智能调控改造。在夏热冬冷地区，适应居民采暖、空调、通风等需求，积极开展既有居住建筑节能改造，提高建筑用能效率和室内舒适度。在城镇老旧小区改造中，鼓励加强建筑节能改造，形成与小区公共环境整治、适老设施改造、基础设施和建筑使用功能提升改造统筹推进的节能、低碳、宜居综合改造模式。引导居民在更换门窗、空调、壁挂炉等部品及设备时，采购高能效产品。

（2）推动既有公共建筑节能绿色化改造。强化公共建筑运行监管体系建设，统筹分析应用能耗统计、能源审计、能耗监测等数据信息，开展能耗信息公示及披露试点，普遍提升公共建筑节能运行水平。引导各地分类制定公共建筑用能（用电）限额指标，开展建筑能耗比对和能效评价，逐步实施公共建筑用能管理。持续推进公共建筑能效提升重点城市建设，加强用能系统和围护结构改造。推广应用建筑设施设备优化控制策略，提高采暖空调系统和电气系统效率，加快 LED（发光二极管）照明灯具普及，采用电梯智能群控等技术提升电梯能效。建立公共建筑运行调适制度，推动公共建筑定期开展用能设备运行调适，提高能效水平。

327. 如何推广新型绿色建造方式？

大力发展钢结构建筑，鼓励医院、学校等公共建筑优先采用钢结构建筑，积极推进钢结构住宅和农房建设，完善钢结构建筑防火、防腐等性能与技术措施。在商品住宅和保障性住房中积极推广装配式混凝土建筑，完善适用于不同建筑类型的装配式混凝土建筑结构体系，加大高性能混凝土、高强钢筋和消能减震、预应力技术的集成应用。因地制宜发展木结构建筑。推广成熟可靠的新型绿色建造技术。完善装配式建筑标准化设计和生产体系，推行设计选型和一体化集成设计，推广少规格、多组合设计方法，推动构件和部品部件标准化，扩大标准化构件和部品部件使用规模，满足标准化设计选型要求。积极发展装配化装修，推广管线分离、一体化装修技术，提高装修品质。

328. 如何优化农村用能结构？

优化农村能源供给结构，大力发展太阳能、浅层地热能、生物质能等，因地制宜开发利用水能和风能。完善农村能源基础设施网络，加快新一轮农村电网升级改造，推动供气设施向农村延伸。加快推进生物质热电联产、生物质供热、规模化生物质天然气和规模化大型沼气等燃料清洁化工程。推进农村能源消费升级，大幅提高电能在农村能源消费中的比重，加快实施北方农村地区冬季清洁取暖，积极稳妥推进散煤替代。推广农村绿色节能建筑和农用节能技术、产品。大力发展"互联网＋"智慧能源，探索建设农村能源革命示范区。

329. 绿色低碳农房建设如何推动?

要按照结构安全、功能完善、节能降碳等要求，制定和完善农房建设相关标准。引导新建农房执行《农村居住建筑节能设计标准》等相关标准，完善农房节能措施，因地制宜推广太阳能暖房等可再生能源利用方式。推广使用高能效照明、灶具等设施设备。鼓励就地取材和利用乡土材料，推广使用绿色建材，鼓励选用装配式钢结构、木结构等建造方式。大力推进北方地区农村清洁取暖。在北方地区冬季清洁取暖项目中积极推进农房节能改造，提高常住房间舒适性，改造后实现整体能效提升 30% 以上。

330. 什么是 Power-to-X?

Power-to-X（简称 P2X 或 PtX），是指将风能、水电或太阳能作为主要能源的可再生电力转换为其他能源载体或产品（X）。

2010 年以来，太阳能发电成本下降了 80%。同期，风力发电成本下降了 30%—40%。成本下降促进可再生能源的产量急剧上升。理论上，随着绿色能源的布局加大，基本可以满足整个社会的绿色能源需求。绿色能源替代化石能源，这是实现碳中和的关键一步。

在一般情况下，来自风能和太阳能等可再生能源的电力可以直接取代化石燃料，例如用电动汽车取代燃油汽车，或用热泵为我们的房屋供暖。然而，如果我们想让全社会都使用绿色能源，我们必须能够为没有太阳或没有风的时期储存能源。此外，还需要为重型交通、飞机、船舶、卡车以及不能立即实现电气化的制造业提供燃料。

Power-to-X 解决方案，可以满足这两个挑战。该方案将绿色电力转化为液态或气态碳中性燃料，与电力不同的是，这些燃料可以很容易地储存，而且价格相对低廉。同时，它们还能以与化石燃料相同的方式使用，因此也可以用于重型运输和工业领域中的能源密集型制造业，比如钢铁等。

Power-to-X 也可以确保我们有化学品来制造药品、塑料和许多其他我们在日常生活中知道的产品，这些产品今天是使用化石资源制造的。

331. P2X 是如何工作的?

电力转 X 意味着将电力转换为其他东西（X）。例如，电力可以通过电解转化为氢气，氢气可以直接使用或与其他元素一起用于生产燃料或化学品。

电力转 X 是绿色转型的一个重要元素。在许多情况下，化石燃料可以直接被电力取代，例如电动汽车，就像电热泵可以用来加热我们的房子一样。

Power-to-X 的电力来自于可再生能源，如太阳能或风能。Power-to-X 的第一步是将电力用于电解过程，在这个过程中，水（H_2O）被分成氢气（H_2）和氧气（O_2）。

氢气可以直接作为燃料使用，也可以用于合成过程，在合成过程中加入氮（N）或碳（C），可以创造新的燃料和化学品，如氨、甲醇和甲烷。这些通常被称为电子燃料或电燃料，因为它们是在这个过程中使用电力生产的。它们可以作为船舶、飞机和卡车的燃料。

直流电解水制氢的最大效率为 80%—85%。然而，储氢的往返再转化效率在 35%—50% 之间。虽然与电池相比，往返转换效率较低，并且电解过程可能很昂贵，但氢的存储却相当便宜。这使得大量能量可以长期储存，使氢气成为季节性储存的理想选择。

目前正在研究如何将这两个过程结合起来，以便在一个整体过程中更简单和有效地完成 Power-to-X。

332.P2X 的应用场景有哪些？

按照能量形式划分，电力可以转化成气体、液体和热等，使用场景非常广泛。

按用途划分，Power-to-X 技术可以在以下方面得到广泛应用：

（1）电力转燃料。

（2）电力转化学品。

（3）电力转氨气。

（4）电力转能源。

（5）电力转蛋白质。

（6）电力转合成气。

333. 为什么 P2X 对碳中和是必要的？

在向非化石燃料社会转型的过程中，太阳能和风能等可再生能源发挥着重要作用。在这种情况下，能够储存能量是至关重要的，这样我们也可以在没有太阳和没有风的时候使用它。此外，我们的部分运输和制造业不能电气化，而是需要我们将电力转换为其他东西。

P2X 可以为不能使用电力和电池的重型运输、船舶、卡车和飞机确保燃料。此外，P2X 对于确保目前由化石资源生产的许多东西的生产非常重要，如医药、塑料和油漆。

P2X 解决方案的优势如下：

（1）平衡间歇性可再生能源发电和负荷之间的差距；

（2）通过最大限度地利用能源提高可再生能源项目的可行性；

（3）促进用碳中和替代品替代化石燃料；

（4）提供可再生能源的长期储存；

（5）将可再生电力与供暖、制冷和运输相结合；

（6）可持续解决方案。

三、第三产业

334. 什么是绿色服务？

绿色服务是指有利于保护生态环境，节约资源和能源，无污、无害、无毒的、有益于人类健康的服务总称。21世纪，一切破坏生态环境的行为都将被禁止。可以预见，绿色服务将是未来服务业发展的必然趋势。

335. 绿色服务的内涵包括哪些内容？

（1）绿色服务设计。绿色服务设计是指服务企业或专业人员设计时，对服务与环境关系如何正确处理而进行一系列构思的活动过程。绿色服务设计需要遵循"自然资源优化、生态环境保护、人类健康保证"的原则，要求绿色服务构思过程中，服务企业或专业人员不仅需要缜密考虑服务流程、服务质量、服务成本、服务产品、服务收益等要素，而且更要充分考虑服务内容对资源、环境和人类健康可能产生的各种影响，尽可能从节能、省料和防污出发，力求使服务内容对环境总体损害的程度最小、对自然资源总体消耗的量最低。

（2）绿色服务选材。绿色服务选材是指服务过程中服务企业对各种耗材进行优化选择的过程。绿色服务选材是绿色服务设计的前提，是实施和推行绿色服务的关键环节。绿色服务选材要求优先选用符合"绿色标志"要求的材料，这些绿色材料具有低能耗、低成本、无污染、无毒害、资源利用率高、可回收再利用、未经涂层或电镀、具有生物降解等各种良好性能。

（3）绿色服务产品。绿色服务产品泛指有利于保护生态环境、节约资源，无污、无害、无毒，有益于人体健康的一类服务产品总称。绿色服务产品分为两类：一类是指绝对绿色服务产品，涉及具有改进环境质量、有益于人类健康、无污无害的服务产品，如健身服务、环卫服务、医疗服务等；一类是指相对绿色服务产品，包括可以减少对生态环境和人类健康的实际或潜在损害的服务，如餐饮业的绿色食品、绿色饮料、绿色旅馆，出租汽车业的绿色燃料等。

（4）绿色服务营销。绿色服务营销是指服务企业在市场调查、服务产品设计、服务产品定价、服务产品促销活动等整个营销过程中，始终坚持"绿色服务理念"，不仅重视自身经济效益，而且充分考虑自然环境和全社会利益。绿色服务营销内容包括收集绿色服务信息、开发绿色服务产品、制定绿色服务价格、开展绿色服务促销、树立绿色服务形象、创立绿色服务品牌等。

（5）绿色服务消费。绿色服务消费是指以"绿色、健康、自然"为宗旨，对绿色服务进行崇尚和消费的总和。绿色服务涉及三方面内容，即绿色消费服务，减少环境污染，自觉抵制和不消费对生态环境有破坏的服务。绿色服务企业应当充分了解和支持消费者对绿色服务的消费态度，主动、积极并尽力地满足他们对绿色服务的消费需求，尽可能地增加客户对绿色服务的忠诚度，提高服务企业的绿色形象。

336. 服务业的碳排放量如何？

服务业碳排放量相对较少，有利于完成碳达峰碳中和目标。随着农业和制造业减排潜力的逐步降低，服务业碳排放日益成为重要的关注点。构建绿色低碳循环发展经济体系是实现碳达峰碳中和的重要举措，而其中，服务业可以起到重要的作用。比如：绿色金融体系的构建非常关键，碳中和实现过程中急需庞大的投资，其融资需求在传统金融体系难以满足，因此急需发展绿色金融体系，促进绿色生态产品价值实现和生态资产运营。

337. 碳中和目标下如何促进服务业的绿色发展？

可以围绕构建发展新格局，建立绿色、高效的现代产业体系，全力推进现代服务业向纵深发展，在文旅、商业、酒店、物业等产业发展中全面倡导绿色、健康理念，推动形成绿色低碳循环运营方式，引领现代服务业绿色发展新风尚；充分利用太阳能、水能、风能等清洁能源，将绿色、节能、环保打造成酒店特色亮点，通过采用节能照明系统、智慧能源管理系统等多种措施减少酒店的能源资源消耗和碳排放；结合中国互联网＋的发展优势，构建绿色物流体系；大力发展电子商务，推广数字技术应用，加强数字技术融合，促进数字经济发展。

338. 中国房地产行业的碳排放呈现什么特点？

（1）总量大。中国建筑部门的碳排放量约占中国碳排放总量的20%。从世界范围来看，中国房地产建筑业的碳排放总量位居全球第三。

（2）关联性强。房地产行业是带动经济增长的先导产业，与各行业有着极高的产业关联度。

（3）房企运营阶段碳排放的占比较大。建筑物化阶段的碳排放是下降阶段，而运行阶段的碳排放会持续上升。同时，人均住房面积增加，农村住宅空调和生活热水覆盖率增加等因素也会导致碳排放量的增加。

339. 中国房地产行业如何推动绿色发展？

在绿色发展的大趋势下，企业要顺势而为。碳中和是一个多赢的选择。不少房企一直在践行绿色建筑理念。躬身入局，将碳达峰碳中和目标作为企业长期发展战略的一部分。在具体行动上，进行节能减排，重塑人与建筑的关系，让建筑回归自然，促进行业可持续发展。

在监管层层加码的背景下，房企融资渠道变窄，新的土拍规则更倒逼房企打造硬核产品力。而融资能力是房企重塑核心竞争力的首要能力，提升融资能力的同时，房企土拍竞争力增强。而具有碳中和相关优势的房企在竞争的各个环节也开始有了更强的竞争力。从供应端建设绿色供应链，产品打造上更倾向绿色、智慧、健康、科技等，从而吸引更多价值观消费人群购买，增强其资产配置能力。

340. 房地产行业如何助力碳达峰碳中和目标的实现？

在碳达峰碳中和经济下，房地产企业应注重企业自身碳资产管理；关注政策动向，根据国家倡议，开展零碳社区、零碳商场、零碳建筑的打造及示范。

从社会运行系统，金融端、生产端和交易端三个方面去推动碳达峰碳中和战略绿色发展；生产端要建立起政、企、产、学、研、用一体的机制，激发企业的积极性；交易端要明确碳排放配额、碳交易的风险管控、碳交易机制，从而深度地参与进去。

建造设计方面，逐步加大低运能材料的采购和使用。在社区运行方面，以数字化为主，优化光伏建筑、推广保温技术利用，推广低碳、健康住宅。

341. 交通领域的碳排放情况如何？

交通运输快速发展的同时带来能源消耗的快速增长，从总量上看，国际能源署（International Energy Agency，IEA）数据显示，交通运输行业为全球第二大碳排放部门，碳排放量占比达26%，是引发全球气候变化的主要因素。中国作为交通大国，高速公路通车里程、高速铁路与城轨交通运营里程世界第一。2020年，交通运输行业碳排放量占中国二氧化碳排放量的 11%，是电力和工业之后的第三大排放源。中国交通领域的碳排放结构，公路是主体（占比 87%）；海运和航空次之（占比分别为 6% 左右）；铁路占比最低，0.68%。未来一段时期，由于中国国民经济和交通运输仍将保持快速增长的态势，交通发展的技术水平和能源结构还未发生根本性转变，交通运输领域的碳排放总量还将持续增加。

342. 影响交通运输碳排放的因素有哪些？

交通运输碳排放受经济发展水平、交通运输结构、运输装备能效水平、运输组织水平和基础设施密度等因素影响。国内生产总值、铁路运输占比、乘用车燃料消耗量、百人电话拥有量和公路路网长度对交通运输碳排放影响的弹性系数分别为 0.74%，−2.60%，2.01%，−0.68% 和 0.17%。因此，在经济正常发展情景下，提升铁路等低碳运输方式的比例，推进降低传统汽车燃油消耗水平，推广纯电动汽车等新能源汽车，加快智慧交通发展，有助于控制交通运输碳排放水平。

343. 交通领域低碳发展面临的问题与挑战是什么？

交通运输部门低碳发展是应对全球气候变化、实现全球可持续发展的重要途径。交通部门面临的问题与挑战如下：

（1）交通运输需求仍将保持增长。交通运输是居民出行、物流服务的基础支撑和保障。随着经济社会的快速发展和居民生活水平的不断提高，运输需求不断增加，碳排放总量控制难度很大。

（2）运输结构调整实现的减排效益需要周期且效益递减。目前干线铁路和铁路专用线均存在能力制约，铁路基础设施的建设以及铁路货运市场规模的形成均需要时间，铁路货运无法在短时间内迎来爆发性增长；需要在网络建设、配套设施、服务水平、市场开发、生产效率等方面综合发力，才能逐步缓解铁路货运能力紧张的状况。受铁路、水路货运能力和适运货种的限制，长期来看运输结构调整的边际效益递减，对碳减排的贡献率近中期大于远期。

（3）交通用能结构调整进程存在技术不确定性。运输装备的新能源和清洁能源替代是交通领域碳减排的重要手段。尽管近年来新能源小型乘用车、轻型物流车的技术逐步成熟，但重型货车、船舶在短期内还缺乏成熟的能源替代方案。

（4）交通领域碳减排资金需求量大。政府间气候变化专门委员会第六次评估报告认为，交通运输行业碳减排成本显著高于工业、建筑等行业。目前采取的"公转铁"、"公转水"、老旧柴油货车淘汰等减排措施以及配套能源供应体系等，资金投入大、经济收益小，地方政府、运输企业、个体运输户缺乏内生动力。

（5）交通领域碳减排涉及利益方众多。交通运输的碳达峰工作涉及领域广，涵盖营业性车辆、船舶、铁路、民航以及非营业性车辆、私家车等，加之协调部门多（如铁路、民航、生态环境、工信、公安等部门），需要进一步完善工作机制，强化统筹和协调。

344. 从哪几个方面推动低碳交通运输体系建设？

（1）优化交通运输结构。加快建设综合立体交通网，大力发展多式联运，提高铁路、水路在综合运输中的承运比重，持续降低运输能耗和二氧化碳排放强度。优化客运组织，引导客运企业规模化、集约化经营。加快发展绿色物流，整合运输资源，提高利用效率。

（2）推广节能低碳型交通工具。加快发展新能源和清洁能源车船，推广智能交通，推进铁路电气化改造，推动加氢站建设，促进船舶靠港使用岸电常态化。加快构建便利高效、适度超前的充换电网络体系。提高燃油车船能效标准，健全交通运输装备能效标识制度，加快淘汰高耗能高排放老旧车船。

（3）积极引导低碳出行。加快城市轨道交通、公交专用道、快速公交系统等大容量公共交通基础设施建设，加强自行车专用道和行人步道等城市慢行系统建设。综合运用法律、经济、技术、行政等多种手段，加大城市交通拥堵治理力度。

345. 交通领域如何加快先进适用技术研发和推广应用？

（1）强化交通战略科技力量。加强新能源、人工智能、公共安全等领域重点科技创新平台布局，支持高校、科研院所与交通运输企业整合优势资源，联合组建全国重点实验室、国家技术创新中心、国家工程研究中心等，解决关键共性技术瓶颈制约，促进科技成果转化应用。加强国家野外科学观测研究站、科学数据中心等能力建设，加大重大科技创新基础设施、科研仪器设备、科学数据等科技资源汇集、共享及应用力度。完善重点科技创新平台考核评估和动态调整机制。加强国家、部门、地方重点科技创新平台的梯次布局和协同联动。

（2）加快科技人才队伍建设。持续实施交通运输行业科技创新人才推进计划。推进科教、产教融合，增强科研骨干跨领域、跨学科交叉合作和创新链组合能力。支持高校优化学科布局，强化综合交通运输、前沿交叉等领域学科和专业设置。推动科研院所依法依规实施章程管理，鼓励科研院所根据国家有关规定自主决定经费使用、机构设置和人员聘用、绩效考核及薪酬分配、职称评审及合理流动等内部管理事务。鼓励事业单位对符合条件的科研人员实行年薪制、协议工资、项目工资等灵活多样的分配形式，试点实施交通运输科研项目经费包干制。促进科技人才流动，推动科研院所和高校试点实施人员编制备案制。坚持"破四唯"和"立新标"并举，加快建立以创新价值、能力、贡献为导向的科技人才评价体系。

（3）强化科技成果推广应用。落实国家科技成果转化精神和相关制度，继续实施科技成果转化相关政策。开展赋予科研人员科技成果所有权或长期使用权试点，建立健全科技成果推广应用评价反馈机制。持续发布科技成果推广目录，提升重大科技成果库覆盖面和权威性，深入实施交通运输科技示范工程，推动跨区域科技成果交流和转化应用。支持高校、科研院所成果转化与创业结合，开展首台（套）重大技术装备保险补偿试点。推动技术研发与标准研制应用协同发展，建立新兴交叉领域标准协调机制，推动标准国际化。

（4）提升交通科普服务能力。依托交通运输重大工程、综合交通枢纽设施、重点科技创新平台、科技场馆等资源，加快建设一批国家交通运输科普基地。围绕交通运输重点领域及重点科研项目创作优质科普作品，加强科普图书规划，依托科技活动周、中国航海日等开展系列主题科普活动。推动技术研发、成果推广与科普宣传有机结合，提升交通科普信息化水平。在行业和地方科技规划和行动计划中明确科普任务，研究推动交通运输各领域全民公共应急科普工作。

（5）提升国际科技合作水平。搭建多层次、多渠道国际创新合作平台，加快建设中国国际可持续交通创新和知识中心，构建更加开放的交通运输科技创新体系，促进中外高校、科研院所和企业间开展高水平的科技合作与交流。以交通运输可持续发展、智慧交通等领域为重点，加强在技术、方案、标准等方面的合作，促进创新要素的双向流动。聚焦制约交通运输发展的共性关键问题，加强国际科技合作支撑重大工程建设。实施交通运输"一带一路"科技创新行动计划，推动科技人才交流和培训、科技创新平台共建、技术联合研发和成果转化等方面务实合作，加快构建交通运输"一带一路"国际科技合作网络。

346. 如何推动运输工具装备低碳转型？

积极扩大电力、氢能、天然气、先进生物液体燃料等新能源、清洁能源在交通运输领域应用。大力推广新能源汽车，逐步降低传统燃油汽车在新车产销和汽车保有量中的占比，推动城市公共服务车辆电动化替代，推广电力、氢燃料、液化天然气动力重型货运车辆。提升铁路系统电气化水平。加快老旧船舶更新改造，发展电动、液化天然气动力船舶，深入推进船舶靠港使用岸电，因地制宜开展沿海、内河绿色智能船舶示范应用。提升机场运行电动化智能化水平，发展新能源航空器。

347. 什么是绿色低碳交通运输方式？

绿色低碳交通是一个全新的理念，它与解决环境污染问题的可持续性发展概念一脉相承。它强调的是城市交通的"绿色性"，即减轻交通拥挤，减少环境污染，促进社会公平，合理利用资源。其本质是建立维持城市可持续发展的交通体系，以满足人们的交通需求，以最少的社会成本实现最大的交通效率。

从交通方式来看，绿色低碳交通体系包括步行交通、自行车交通、常规公共交通和轨道交通。从交通工具上看，绿色低碳交通工具包括各种低污染车辆，如新能源汽车、天然气汽车、电动汽车、氢气动力车、太阳能汽车等；无轨电车、有轨电车、轻轨、地铁；纯电动、氢燃料电池、可再生合成燃料车辆、船舶；甲醇、氢、氨等新型动力船舶；液化天然气动力船舶。

348. 绿色低碳交通的特点是什么？

（1）多样性。从交通工具的碳足迹方面上，不同交通工具消耗能源的程度不同。据统计，小汽车平均每运送一名乘客的耗油量相当于公共汽车的 4.5 倍，公共汽车每百公里的人均能耗是小汽车的 8.4%，电车则大约是小汽车的 3.4%，地铁大约是 5%。步行及自行车交通是天然的零碳交通，适于短距离出行。由技术改革领航的清洁能源汽车的出现，在碳污染程度上优越于小汽车。与碳排放量较高的小汽车交通相比，低碳交通应包括公共交通、慢行交通（步行和自行车）、新能源交通。在出行低碳化上的手段是多样的，既包含技术性减碳（如节能环保技术在汽车生产的应用），也包括结构性减碳（如通过优化运输网络结构、运力结构调整等提高能效），还包括制度性减碳（如市场准入与退出机制）以及消费者减碳（出行行为的选择）。无论是交通运输系统的规划、建设、运营，还是交通工具的生产、使用、维护，乃至相关制度和技术保障措施，都需要有多样灵活的措施应对低碳的要求。

（2）复合性。低碳交通是一个系统化工程，牵涉面广，错综复杂，既涉及到公共交通、慢行交通、清洁能源交通体系，又与土地利用、车辆工程技术、基础设施密切关联；而每一个系统分支又都是一个包括多项细分支的涉及资源、交通、能源等领域的分系统；各个分系统又相互联系贯通，与外部系统保持联系。为了满足社会经济发展的要求，交通需要达到多个目标，片面追求任何单一的目标失之偏颇。为了遵从气候变化公约，要求交通低碳化；为了有力支持工业化、城镇化以及人们生活质量的提高，要求交通追求安全性、舒适性；为了减少交通拥堵，要求交通实现时效性、便捷性等。在现阶段的技术经济条件下，不能单纯地为了达到节能减排目标发展低碳交通，而是需要发展可以同步实现降堵、安全等其他交通目标的低碳交通。

（3）可计量性。低碳交通的可计量性是指通过可操作的碳足迹计算方法，计算交通方式的碳足迹状况，度量某次交通活动产生的直接或间接的碳排放量及其对自然界产生的影响。通过追踪不同出行方式、运输工具和运输效率下的碳足迹，确定关键因素、探讨制定低碳交通的评价体系，为监督低碳交通的运行效果提供强有力的数据支撑。同时，通过交通碳足迹的计算，可以确定交通各因素与碳排放相关指标的变化，以便分析内在原因，发现当前碳排放问题的严重程度及集中领域，从而采取针对性较强的措施减少特定区域内的碳排量，为改善城市生态环境质量的行动指明方向，并可实施长期的监管与调整。

349. 如何构建绿色高效交通运输体系？

发展智能交通，推动不同运输方式合理分工、有效衔接，降低空载率和不合理客货运周转量。大力发展以铁路、水路为骨干的多式联运，推进工矿企业、港口、物流园区等铁路专用线建设，加快内河高等级航道网建设，加快大宗货物和中长距离货物运输"公转铁""公转水"。加快先进适用技术应用，提升民航运行管理效率，引导航空企业加强智慧运行，实现系统化节能降碳。加快城乡物流配送体系建设，创新绿色低碳、集约高效的配送模式。打造高效衔接、快捷舒适的公共交通服务体系，积极引导公众选择绿色低碳交通方式。

350. 如何优化调整运输结构？

（1）提升多式联运承载能力和衔接水平。

①完善多式联运骨干通道。强化规划统筹引领，提高交通基础设施一体化布局和建设水平，加快建设以"6轴7廊8通道"主骨架为重点的综合立体交通网，提升京沪、陆桥、沪昆、广昆等综合运输通道功能，加快推进西部陆海新通道、长江黄金水道、西江水运通道等建设，补齐出疆入藏和中西部地区、沿江沿海沿边骨干通道基础设施短板，挖掘既有干线铁路运能，加快铁路干线瓶颈路段扩能改造。

②加快货运枢纽布局建设。加快港口物流枢纽建设，完善港口多式联运、便捷通关等服务功能，合理布局内陆无水港。完善铁路物流基地布局，优化管理模式，加强与综合货运枢纽衔接，推动铁路场站向重点港口、枢纽机场、产业集聚区、大宗物资主产区延伸。有序推进专业性货运枢纽机场建设，强化枢纽机场货物转运、保税监管、邮政快递、冷链物流等综合服务功能，鼓励发展与重点枢纽机场联通配套的轨道交通。

依托国家物流枢纽、综合货运枢纽布局建设国际寄递枢纽和邮政快递集散分拨中心。

③健全港区、园区等集疏运体系。加快推动铁路直通主要港口的规模化港区，各主要港口在编制港口规划或集疏运规划时，原则上要明确联通铁路，确定集疏运目标，同步做好铁路用地规划预留控制；在新建或改扩建集装箱、大宗干散货作业区时，原则上要同步建设进港铁路，配足到发线、装卸线，实现铁路深入码头堆场。加快推进港口集疏运公路扩能改造。新建或迁建煤炭、矿石、焦炭等大宗货物年运量150万吨以上的物流园区、工矿企业及粮食储备库等，原则上要接入铁路专用线或管道。挖掘既有铁路专用线潜能，推动共线共用。

（2）创新多式联运组织模式。

①丰富多式联运服务产品。加大35吨敞顶箱使用力度，探索建立以45英尺（1英尺约等于0.3048米）内陆标准箱为载体的内贸多式联运体系。在符合条件的港口试点推进"船边直提"和"抵港直装"模式。大力发展铁路快运，推动冷链、危化品、国内邮件快件等专业化联运发展。鼓励重点城市群建设绿色货运配送示范区。充分挖掘城市铁路场站和线路资源，创新"外集内配"等生产生活物资公铁联运模式。支持港口城市结合城区老码头改造，发展生活物资水陆联运。

②培育多式联运市场主体。深入开展多式联运示范工程建设，到2025年示范工程企业运营线路基本覆盖国家综合立体交通网主骨架。鼓励港口航运、铁路货运、航空寄递、货代企业及平台型企业等加快向多式联运经营人转型。

③推进运输服务规则衔接。以铁路与海运衔接为重点，推动建立与多式联运相适应的规则协调和互认机制。研究制定不同运输方式货物品名、危险货物划分等互认目录清单，建立完善货物装载交接、安全管理、支付结算等规则体系。深入推进多式联运"一单制"，探索应用集装箱多式联运运单，推动各类单证电子化。探索推进国际铁路联运运单、多式联运单证物权化，稳步扩大在"一带一路"运输贸易中的应用范围。

④加大信息资源共享力度。加强铁路、港口、船公司、民航等企业信息系统对接和数据共享，开放列车到发时刻、货物装卸、船舶进离港等信息。加快推进北斗系统在营运车船上的应用，到2025年基本实现运输全程可监测、可追溯。

（3）促进重点区域运输结构调整。

①推动大宗物资"公转铁、公转水"。在运输结构调整重点区域，加强港口资源整合，鼓励工矿企业、粮食企业等将货物"散改集"，中长距离运输时主要采用铁路、水路运输，短距离运输时优先采用封闭式皮带廊道或新能源车船。探索推广大宗固体废物公铁水协同联运模式。深入开展公路货运车辆超限超载治理。

②推进京津冀及周边地区、晋陕蒙煤炭主产区运输绿色低碳转型。加快区域内疏

港铁路、铁路专用线和封闭式皮带廊道建设，提高沿海港口大宗货物绿色集疏运比例。推动浩吉、大秦、唐包、瓦日、朔黄等铁路按最大运输能力保障需求。在煤炭矿区、物流园区和钢铁、火电、煤化工、建材等领域培育一批绿色运输品牌企业，打造一批绿色运输枢纽。

③加快长三角地区、粤港澳大湾区铁水联运、江海联运发展。加快建设小洋山北侧等水水中转码头，推动配套码头、锚地等设施升级改造，大幅降低公路集疏港比例。鼓励港口企业与铁路、航运等企业加强合作，统筹布局集装箱还箱点。因地制宜推进宁波至金华双层高集装箱运输示范通道建设，加快推进沪通铁路二期及外高桥港区装卸线工程、浦东铁路扩能改造工程、北仑支线复线改造工程和梅山港区铁路支线、南沙港区疏港铁路、平盐铁路复线、金甬铁路苏溪集装箱办理站等多式联运项目建设。推动企业充分利用项目资源，加快发展铁水联运、江海直达运输，形成一批江海河联运精品线路。

（4）加快技术装备升级。

①推广应用标准化运载单元。推动建立跨区域、跨运输方式的集装箱循环共用系统，降低空箱调转比例。探索在大型铁路货场、综合货运枢纽拓展海运箱提还箱等功能，提供等同于港口的箱管服务。积极推动标准化托盘（1200毫米×1000毫米）在集装箱运输和多式联运中的应用。加快培育集装箱、半挂车、托盘等专业化租赁市场。

②加强技术装备研发应用。加快铁路快运、空铁（公）联运标准集器器（板）等物流技术装备研发。研究适应内陆集装箱发展的道路自卸卡车、岸桥等设施设备。鼓励研发推广冷链、危化品等专用运输车船。推动新型模块化运载工具、快速转运和智能口岸查验等设备研发和产业化应用。

③提高技术装备绿色化水平。积极推动新能源和清洁能源车船、航空器应用，推动在高速公路服务区和港站枢纽规划建设充换电、加气等配套设施。在港区、场区短途运输和固定线路运输等场景示范应用新能源重型卡车。加快推进港站枢纽绿色化、智能化改造，协同推进船舶和港口岸电设施匹配改造，深入推进船舶靠港使用岸电。

（5）营造统一开放市场环境。

①深化重点领域改革。深化"放管服"改革，加快构建以信用为基础的新型监管机制，推动多式联运政务数据安全有序开放。深化铁路市场化改革，促进铁路运输市场主体多元化，研究推进铁路、港口、航运等企业股权划转和交叉持股，规范道路货运平台企业经营，建立统一开放、竞争有序的运输服务市场。

②规范重点领域和环节收费。完善铁路运价灵活调整机制，鼓励铁路运输企业与大型工矿企业等签订"量价互保"协议。规范地方铁路、专用铁路、铁路专用线收费，

明确线路使用、管理维护、运输服务等收费规则，进一步降低使用成本。规范海运口岸的港口装卸、港外堆场、检验检疫、船公司、船代等收费。

③加快完善法律法规和标准体系。推动加快建立与多式联运相适应的法律法规体系，进一步明确各方法律关系。加快推进多式联运枢纽设施、装备技术等标准制修订工作，补齐国内标准短板，加强与国际规则衔接。积极参与国际多式联运相关标准规则研究制定，更好体现中国理念和主张。研究将多式联运量纳入交通运输统计体系，为科学推进多式联运发展提供参考依据。

（6）完善政策保障体系。

①加大资金投入力度。统筹利用车购税资金、中央预算内投资等多种渠道，加大对多式联运发展和运输结构调整的支持力度。鼓励社会资本牵头设立多式联运产业基金，按照市场化方式运作管理。鼓励各地根据实际进一步加大资金投入力度。

②加强对重点项目的资源保障。加大对国家物流枢纽、综合货运枢纽、中转分拨基地、铁路专用线、封闭式皮带廊道等项目用地的支持力度，优先安排新增建设用地指标，提高用地复合程度，盘活闲置交通用地资源。加大涉海项目协调推进力度，在符合海域管理法律法规、围填海管理和集约节约用海政策、生态环境保护要求的前提下，支持重点港口、集疏港铁路和公路等建设项目用海及岸线需求；对支撑多式联运发展、运输结构调整的规划和重点建设项目，开辟环评绿色通道，依法依规加快环评审查、审批。

③完善交通运输绿色发展政策。制定推动多式联运发展和运输结构调整的碳减排政策，鼓励各地出台支持多种运输方式协同、提高综合运输效率、便利新能源和清洁能源车船通行等方面政策。在特殊敏感保护区域，鼓励创新推广绿色低碳运输组织模式，守住自然生态安全边界。

④做好组织实施工作。完善运输结构调整工作协调推进机制，加强综合协调和督促指导，强化动态跟踪和分析评估。各地、各有关部门和单位要将发展多式联运和调整运输结构作为"十四五"交通运输领域的重点事项，督促港口、工矿企业、铁路企业等落实责任，有力有序推进各项工作。在推进过程中，要统筹好发展和安全的关系，切实保障煤炭、天然气等重点物资运输安全，改善道路货运、邮政快递等从业环境，进一步规范交通运输综合行政执法，畅通"12328"热线等交通运输服务监督渠道，做好政策宣传和舆论引导，切实维护经济社会发展稳定大局。

351. 如何加强交通绿色基础设施建设？

将绿色低碳理念贯穿于交通基础设施规划、建设、运营和维护全过程，降低全生命周期能耗和碳排放。开展交通基础设施绿色化提升改造，统筹利用综合运输通道线位、土地、空域等资源，加大岸线、锚地等资源整合力度，提高利用效率。有序推进充电桩、配套电网、加注（气）站、加氢站等基础设施建设，提升城市公共交通基础设施水平。

352. 什么是智能交通系统?

智能交通系统（Intelligent Traffic System，ITS），又称智能运输系统（Intelligent Transportation System），是将先进的科学技术（信息技术、计算机技术、数据通信技术、传感器技术、电子控制技术、自动控制理论、运筹学、人工智能等）有效地综合运用于交通运输、服务控制和车辆制造，加强车辆、道路、使用者三者之间的联系，从而形成一种保障安全、提高效率、改善环境、节约能源的综合运输系统。

353. 大气污染治理与减少交通领域碳排放有何关系?

交通运输是大气污染物的主要排放来源之一，长期以来交通运输领域生态文明建设的主要任务是节能减排，比较注重减少污染物排放。随着碳达峰碳中和目标愿景的提出，降低二氧化碳排放也成为交通运输绿色发展的主要目标。减污与降碳是同根同源、方向一致的，但在具体实施中，同时追求两个目标可能导致治理成本的增加。因此，在碳达峰碳中和目标愿景下，需要调整原有的交通运输生态环保管控方式。

354. 邮政快递行业的碳达峰碳中和工作如何开展?

（1）加快完善碳减排管理政策工具。紧紧围绕党中央、国务院关于如期实现碳达峰碳中和目标的重大决策部署，立足邮政快递业特点，坚持绿色低碳循环，着力推动控制碳排放总量和强度、调整用能结构、优化布局和运营管理，分阶段明晰碳减排路径，用于支撑邮政快递业碳达峰碳中和目标实现。一是针对碳达峰碳中和相关问题夯实基础研究，加快构建适应邮政快递业特点的碳排放管理体系。二是聚焦运输环节、基础设施、运营管理等低碳转型，研究明确相应碳减排措施，注重全面节约资源和循环利用，推进源头管控、过程优化、循环流转、科技应用。三是全面梳理邮政快递业法规政策及相关标准，明确碳排放管理政策需求缺口，加快完善政策工具，并做好相关配套法规标准政策研究储备。

（2）加强健全行业生态环保治理体系。加快健全邮政快递业生态环保绿色治理体系，是推进邮政快递业绿色发展的核心关键，立足中国生态文明建设要求和邮政快递业绿色发展主要矛盾，明确邮政快递业生态环保总任务、总目标和发展方向、发展着力点，向绿色转型要出路、向绿色创新要动力，系统全面提出治理路径。一是健全邮政快递业生态环保责任体系，构建政府主导、企业主体、社会组织和公众共同参与的邮政快递业生态环保治理体系，加强责任传导，强化科技支撑和能力保障，促进技术、机制、模式和组织管理创新。二是加快推进运输环节低碳转型，包括运输工具低碳转型，优化路由组织和路径提升运输效能，调整运输结构，推广高效运输组织模式，提升集约运输和供配比例。三是加速基础设施低碳转型，包括基础设施绿色低碳化改造，注重绿色设计、施工和运行，调整用能结构，推广使用节能环保材料、清洁能源和绿色低碳循环技术，推进基础设施布局集约化，推进共建共享，减少基础设施能源使用总量等。四是加速运营管理低碳转型，健全寄递企业生态环保内控机制，提升管理能力，落实主体责任。

（3）推进可循环快递包装规模化应用。研究可循环快递包装规模化应用长效机制，加快推进可循环快递包装箱（盒）规模化应用，实现资源利用最大化。一是探索建立共用的可循环快递包装回收体系，着力解决面向普通用户端（C端）可循环快递包装场景多元、回收运营难题，促进实现包装的高循环率和高周转率。二是健全可循环包装社会化应用机制，推动上下游协同，探索共同参与、协作共赢、包装通用、标准统一、数据互认的循环应用模式，降低包装单次使用成本，提升包装使用意愿。三是加快健全可循环快递包装标准，推动寄递信息与包装流转数据衔接，同步监控物流状态和箱体状态，实现可循环快递包装流向的全链条和实时监控。

（4）推动企业绿色管理和技术创新。寄递企业要落实国家绿色发展战略，将双碳目标融入本企业发展与转型战略规划，将绿色发展理念贯穿于生产、经营、管理全过程，科学制定减碳目标，明确碳减排路径，并加强碳排放日常计量和监测，建立绿色发展自我评价和激励约束机制，构建绿色运作模式。同时，发挥在绿色供应链中的关键作用，推动与上下游协同减污降碳。龙头寄递企业要发挥先行作用，率先发布碳减排目标，强化科技创新应用，将大数据、物联网、人工智能等技术融入实际业务场景，应用低碳、零碳、负碳等技术，通过科技助力生产作业全流程提质增效和低碳减排，并带动技术和模式邮政快递业整体创新。

（5）注重产学研用联动共促绿色生态。注重部门协同共治、产业联动、社会共建，聚焦源头治理、规范使用、重复利用、末端安全处置，发挥产学研平台作用，在落实快递包装绿色治理方面凝聚工作合力，有效落实快递包装绿色转型意见。推动寄递企业、科研机构、高校以创新资源共享、优势互补为基础，围绕包装重复使用、绿色仓储、绿色运输、绿色供应解决方案等开展研究和科技创新，并推进创新成果转化应用，为邮政快递业绿色发展提供坚强的技术支撑。加强宣传引导，开展形式多样宣传活动，引导消费者践行绿色用邮生活方式。

第六部分　金融篇

355. 碳中和目标如何影响金融业?

首先,商业银行金融业务支持的行业结构面临调整。随着碳中和目标的提出,中国经济产业结构转型也将进一步深化,银行的信贷业务也需要进一步向低碳产业倾斜,加强对绿色产业的支持。与此同时,在强化的减排目标下,可再生能源、新能源汽车、碳捕获与封存等绿色产业发展潜力巨大,也将为银行带来可持续发展的机遇。

其次,气候投融资将日益成为银行绿色金融的重要领域。一方面,在银行的绿色信贷中,气候信贷占比呈现出逐渐上升的趋势。另一方面,气候投融资顶层设计文件以及官方统计制度的出台,将进一步促进和规范气候投融资发展。

最后,中国碳市场建设将加速,碳金融空间被逐渐打开。碳中和目标将增加碳市场的供给和需求,从而增加碳市场的有效规模,而碳市场反过来又可以激励企业和居民碳中和的行动,因此随着碳中和目标的提出,中国碳市场的建设进程也将加速。

356. 碳中和背景下各类型金融机构将有怎样的转变?

银行:创新适合于清洁能源和绿色交通项目的产品和服务;推动开展绿色建筑融资创新试点,围绕星级建筑、可再生能源规模化应用、绿色建材等领域,探索贴标融资产品创新;积极发展能效信贷、绿色债券和绿色信贷资产证券化;探索服务小微企业、消费者和农业绿色化的产品和模式;探索支持能源和工业等行业绿色和低碳转型所需的金融产品和服务,比如转型贷款。

债券市场:发行政府绿色专项债、中小企业绿色集合债、气候债券、蓝色债券以及转型债券等创新绿债产品;改善绿色债券市场流动性,吸引境外绿色投资者购买和持有相关债券产品。

股票市场:简化绿色企业首次公开募股(Initial Public Offering,IPO)的审核或备案程序,探索建立绿色企业的绿色通道机制。对一些经营状况和发展前景较好的绿色企业,支持优先参与转板试点。

权益市场和融资:开展环境权益抵质押融资,探索碳金融和碳衍生产品。

保险业:大力开发和推广气候(巨灾)保险、绿色建筑保险、可再生能源保险、新能源汽车保险等创新型绿色金融产品。

基金:鼓励设立绿色基金和转型基金,支持绿色低碳产业的股权投资,满足能源和工业行业的转型融资需求。

私募股权投资：鼓励创投基金孵化绿色低碳科技企业，支持股权投资基金开展绿色项目或企业并购重组。引导私募股权投资基金与区域性股权市场合作，为绿色资产（企业）挂牌转让提供条件。

交易市场：尽快将控排范围扩展到其他主要高耗能工业行业以及交通和建筑领域等，同时将农林行业作为自愿减排和碳汇开发的重点领域。

357. 什么是碳金融?

狭义的碳金融是指以碳配额、碳信用等碳排放权为媒介或标的的资金融通活动；广义的碳金融是指服务于限制温室气体排放等技术的直接投融资、碳权交易和银行贷款等金融活动，包括以碳配额、碳信用为标的的交易行为，以及由此衍生出来的其他资金融通活动。

358. 什么是可持续金融?

可持续金融是将环境、社会和治理（Environmental, Social and Governance, ESG）原则纳入商业决策、经济发展和投资战略。可持续金融也支持联合国可持续发展目标的融资和投资活动，特别是采取行动应对气候变化。

359. 什么是绿色金融?

绿色金融是为支持环境改善、应对气候变化和资源节约高效利用的经济活动，即对环保、节能、清洁能源、绿色交通、绿色建筑等领域的项目投融资、项目运营、风险管理等所提供的金融服务。

360. 绿色金融的三大功能是什么?

绿色金融的三大功能是指充分发挥金融支持绿色发展的资源配置、风险管理和市场定价三大功能。具体而言，资源配置功能是指通过货币政策、信贷政策、监管政策、强制披露、绿色评价、行业自律、产品创新等，引导和撬动金融资源向低碳项目、绿色转型项目、碳捕集与封存等绿色创新项目倾斜。风险管理功能是指通过气候风险压力测试、环境和气候风险分析、绿色和棕色资产风险权重调整等工具，增强金融体系管理气候变化相关风险的能力。市场定价功能是指推动建设全国碳排放权交易市场，发展碳期货等衍生产品，通过交易为碳排放合理定价。

361. 中国绿色金融的发展历程和现状如何?

2016 年 8 月,《关于构建绿色金融体系的指导意见》出台,中国成为世界上首个建立绿色金融政策框架体系的经济体。2017 年十九大明确提出要发展绿色金融,绿色发展、绿色金融已经上升为国家战略发展。2018 年中国人民银行牵头成立绿色金融标准工作组。2021 年 4 月中国人民银行、发改委、证监会联合发布《绿色债券支持项目目录(2021 年版)》,中国绿色金融发展正在有条不紊地推进。具体而言,中国绿色金融的发展大致可以分为三个阶段:起源阶段(2000—2008 年)、逐步发展阶段(2009—2014 年)和规模化发展阶段(2015 年至今)。

中国绿色金融发展至今,在标准体系、信息披露、激励机制、产品设计以及国际合作等方面均取得了很大进展。

在标准体系方面,中国已经制定了三套绿色标准,涵盖绿色贷款、绿色债券和绿色产业,分别为中国银监会(现为银保监会)2013 年发布的《绿色信贷统计制度》、发改委等 7 部委于 2019 年 3 月发布的《绿色产业指导目录(2019 年版)》、中国人民银行等于 2021 年 4 月修订的《绿色债券支持项目目录(2021 年版)》。此外,2016 年 8 月,中国人民银行等 7 部委联合发布了《关于构建绿色金融体系的指导意见》,为绿色金融体系建设提供了一个全面的政策框架。

在信息披露方面,中国正逐步建立强制性的环境信息披露制度。2017 年,证监会对上市公司定期报告准则进行了修订,强制要求环境保护部门所圈定的重点排污单位披露有关环境信息,对重点排污单位之外的公司的环境信息披露则实行"遵守或解释"政策。

在激励机制方面,中国逐渐发展出了由中央到地方、多层次、创新性的一系列激励机制,包括绿色再贷款、贴息、增信、将绿色信贷和债券纳入合格担保品范围、将绿色信贷绩效纳入宏观审慎评估等,鼓励金融机构支持具有良好环境效益的项目和企业。尤其是中国人民银行于 2021 年 6 月 9 日印发《银行业金融机构绿色金融评价方案》,标志着银行业金融机构的绿色金融业务发展有了正式、全面的评价体系。

在产品体系方面,中国的绿色金融产品不断创新,除了传统的绿色信贷、绿色债券外,还发展出绿色基金、绿色保险、绿色 PPP(Public-Private Partnership,政府部门和社会资本在基础设施及公共服务领域建立的一种长期合作关系)等结合中国国情和行业特点的金融产品。

在国际合作方面,中国深度参与绿色金融议题,于 2016—2018 年担任了二十国集团(G20)绿色金融研究小组联合主席,参与发起了央行与监管机构绿色金融网络

（Central Banks and Supervisors Network for Greening the Financial System，NGFS）和国际可持续金融平台（The International Pharmaceutical Students' Federation，IPSF），并与英国、法国建立了双边合作机制，还将于 2021 年起与美国共同主持 G20 可持续金融研究小组。与此同时，中国还积极与发展中国家围绕绿色金融的知识和实践展开交流。其中，蒙古可持续金融协会在清华绿色金融中心和中国金融学会绿色金融专业委员会的技术支持下建立了该国的第一个绿色金融分类标准。

362. 绿色融资的支持手段有哪些？

绿色融资的支持手段有：对符合绿色低碳发展的项目开展融资支持；对高耗能、高排放行业不提供金融支持或者通过金融手段抑制其发展；对企业的减排项目或者绿色发展成果视为其资产，可以通过抵押、质押等方式获得金融信贷资源，也即是说以后的绿色资产（例如排放权、绿证、绿电）可以和房产、现金、土地使用权、厂房等一并视为企业的资产并产生金融收益。

363. 什么是气候投融资？支持范围包括哪些方面？

气候投融资是指为实现国家自主贡献目标和低碳发展目标，引导和促进更多资金投向应对气候变化领域的投资和融资活动，是绿色金融的重要组成部分，支持范围包括减缓和适应两个方面：

（1）减缓气候变化。包括调整产业结构，积极发展战略性新兴产业；优化能源结构，大力发展非化石能源；开展碳捕集、利用与封存试点示范；控制工业、农业、废弃物处理等非能源活动温室气体排放；增加森林、草原及其他碳汇等。

（2）适应气候变化。包括提高农业、水资源、林业和生态系统、海洋、气象、防灾减灾救灾等重点领域适应能力；加强适应基础能力建设，加快基础设施建设、提高科技能力等。

364. 中国气候投融资相关政策进展如何？

2020 年 10 月，生态环境部等五部门发布了《关于促进应对气候变化投融资的指导意见》（环办气候〔2020〕57 号），首次明确了气候投融资的定义与支持范围，从政策体系、社会资本等六大方面阐述了推进气候投融资工作的框架。2021 年 10 月，中国技术经济学会发布了由中国环境科学学会气候投融资专业委员会提出的《气候投融资项目分类指南》团体标准（T/CSTE 0061—2021）。该指南是中国首个气候投融资项目认定标准，为全国推进气候投融资提供了重要的参考依据。该指南分为减缓类项目和适应类项目，项目类别中剔除了传统能源清洁高效利用，也加入了核能相关活动，与能源转型需求和资本市场需求相匹配。2021年12月，生态环境部等9部委联合发布《气候投融资试点工作方案》（环办气候〔2021〕27号），对气候投融资试点工作的总体要求和组织实施作出统一部署，明确了气候投融资试点的目标和八大重点任务。试点申报工作已经启动，地方需于2022年1月18日前报送生态环境部应对气候变化司审核。2022年8月，生态环境部等9部委联合发布《关于公布气候投融资试点名单的通知》（环气候函〔2022〕59号），确定了12个市，4个区，7个国家级新区成为首批试点城市。2022年11月17日，生态环境部网站发布《关于印发气候投融资试点地方气候投融资项目入库参考标准的通知》（环办便函〔2022〕406号），明确入库项目包括减缓气候变化类项目和适应气候变化类项目。

365. 首批气候投融资试点名单有哪些？

气候投融资是实现碳达峰碳中和目标的重要保障。生态环境部、国家发展改革委、工业和信息化部、住房和城乡建设部、人民银行、国务院国资委、国管局、银保监会、证监会九部门根据各省份推荐情况，综合考虑工作基础、实施意愿和推广示范效果等因素，确定了23个气候投融资试点地方，名单如下：北京市密云区、通州区，河北省保定市，山西省太原市、长治市，内蒙古自治区包头市，辽宁省阜新市、金普新区，上海市浦东新区，浙江省丽水市，安徽省滁州市，福建省三明市，山东省西海岸新区，河南省信阳市，湖北省武汉市武昌区，湖南省湘潭市，广东省南沙新区、深圳市福田区，广西壮族自治区柳州市，重庆市两江新区，四川省天府新区，陕西省西咸新区，甘肃省兰州市。

366. 气候投融资试点地方气候投融资项目入库范围及类型是什么？

入库项目包括减缓气候变化类项目和适应气候变化类项目。其中，减缓气候变化类项目类别及该类别与现有其他相关标准的对应关系，可参考《气候投融资项目分类指南》（TCSTE 0061—2021）；适应气候变化类项目类别参考《国家适应气候变化战略2035》。具体项目类别参考如下：

（1）减缓气候变化类项目。

①低碳产业体系类项目。包括低碳工业、低碳农业、低碳建筑及建筑节能、低碳交通、低碳服务、低碳供应链服务等。其中，低碳工业可包括工业节能项目，如能量系统优化、工业节能改造等；低碳技术装备制造项目，如新能源与清洁能源装备制造、高效节能装备制造、新能源汽车和绿色船舶制造等；低碳建筑及建筑节能可包括建筑

节能与绿色建筑项目，如超低能耗建筑建设、绿色建筑、建筑可再生能源应用、装配式建筑、既有建筑节能及绿色化改造、物流绿色仓储等；绿色建筑材料项目如绿色建筑材料制造等；低碳交通可包括低碳交通设施建设和运营项目，如货物运输铁路建设运营和铁路节能环保改造、港口、码头岸电设施及机场廊桥供电设施建设、城乡公共交通系统建设和运营、城市慢行交通等；清洁能源车辆配套设施项目如充电、换电、加氢和加气设施建设和运营等。

②低碳能源类项目。以可再生能源利用为主。包括太阳能利用设施建设和运营、风力发电设施建设和运营、生物质能源利用设施建设和运营、水力发电设施建设和运营、地热能利用设施建设和运营、海洋能利用设施建设和运营、氢能利用设施建设和运营、热泵设施建设和运营、高效储能设施建设和运营等项目。

③碳捕集、利用与封存试点示范类项目。包括二氧化碳驱油技术应用，直接空气碳捕集与封存、生物质能碳捕集与封存等项目。

④控制非能源活动温室气体排放类项目。包括减少甲烷逃逸排放、生产过程碳减排、控制氢氟碳化物、废弃物和废水处理处置等。其中，减少甲烷逃逸排放指减少煤炭行业、油气行业甲烷逃逸排放和放空排放的活动，如放空天然气和油田伴生气回收利用、油气密闭集输综合节能技术、减少甲烷排放的相关设施建设和运营、煤层气抽采利用设施建设和运营等；生产过程碳减排指通过工艺改进和清洁生产等措施减少生产过程温室气体排放的活动，如水泥行业通过非碳酸盐原料替代传统石灰石原料、应用先进的浮法工艺减少温室气体排放，化工行业使用六氟化硫混合气和回收六氟化硫等；控制氢氟碳化物可包括绿色高效制冷产品、空调等制冷设备低全球变暖潜能值（GWP）替代等；废弃物和废水处理处置可包括固体废弃物管理项目，如农村固体废弃物处置及收集利用、城市和工业固体废弃物处理及收集利用等；废水处理项目如污水处理、再生利用及污泥处理处置设施建设运营等。

⑤增加碳汇类项目。包括森林碳汇、生态系统及其他碳汇项目等。其中，森林碳汇指通过造林、再造林和可持续森林管理，减少毁林等措施，吸收和固定大气中的二氧化碳的项目；生态系统碳汇指以提升草原、湿地、海洋、土壤、冻土等生态系统固碳增汇能力为主要目的的建设和保护性项目。

（2）适应气候变化类项目。

①气候变化监测预警和风险管理类项目。包括完善气候变化观测网络、强化气候变化监测预测预警、加强气候变化影响和风险评估、强化综合防灾减灾等。其中，完善气候变化观测网络可包括完善大气圈观测网络、建设多圈层及其相互作用观测网络等，如构建岸基、海基、空基、天基一体化的海洋和气象综合观测系统及相应的配套

保障体系工程等；强化气候变化监测预测预警可包括提升气候系统监测分析能力、提高精准预报预测水平、强化极端天气气候事件预警等，如建设气候变化风险早期预警平台等；加强气候变化影响和风险评估可包括提升评估技术水平和基础能力、加强敏感领域和重点区域气候变化影响和风险评估等，如气候变化数据中心建设项目、气候资源普查项目等；强化综合防灾减灾可包括灾害风险管理、防范化解重大风险、强化自然灾害综合治理、强化应急机制和处置力量建设等，如优化灾害应急响应救援组织指挥及救援救灾运作模式等。

②提升自然生态系统适应气候变化能力类项目。包括水资源、陆地生态系统、海洋与海岸带等。其中，水资源可包括构建水资源及洪涝干旱灾害智能化监测体系、推进水资源集约节约利用、实施国家水网重大工程、完善流域防洪工程体系与洪水风险防控体系、强化大江大河大湖生态保护治理能力等，如病险水库水闸除险加固项目、重要湖泊生态保护治理项目等；陆地生态系统可包括构建陆地生态系统综合监测体系、建立完善陆地生态系统保护与监管体系、加强典型生态系统保护与退化生态系统恢复、提升灾害预警防御与治理能力、实施生态保护和修复重大工程规划与建设、加强陆地生态系统生物多样性保护等，如建立自然资源数据库和管理系统项目、历史遗留废弃矿山生态修复示范工程项目、生物多样性保护和监管制度建立健全项目等；海洋与海岸带可包括完善海洋灾害观测预警与评估体系、提升海岸带及沿岸地区防灾御灾能力、加强沿海生态系统保护修复、持续改善海洋生态环境质量等，如海洋灾害预报预警相关基础设施建设项目、滨海湿地生态修复项目、海上绿色养殖项目等。

③强化经济社会系统适应气候变化能力类项目。包括农业与粮食安全、健康与公共卫生、基础设施与重大工程、城市与人居环境、敏感二三产业等。其中，农业与粮食安全可包括优化农业气候资源利用格局、强化农业应变减灾工作体系、增强农业生态系统气候韧性和建立适应气候变化的粮食安全保障体系等，如农田智能化排灌项目、气候友好型低碳农产品认证项目、改良草场、建设人工草场和饲料作物生产基地类项目、适应气候变化技术示范基地项目等；健康与公共卫生可包括开展气候变化健康风险和适应能力评估、加强气候敏感疾病的监测预警及防控、增强医疗卫生系统气候韧性和全面推进气候变化健康适应行动等，如气候变化健康适应城市行动试点项目、气候敏感疾病和人兽共患病的监测网络和数据报告系统建设项目、气候敏感疾病的分级分层急救治疗护理与康复网络建设项目等；基础设施与重大工程可包括加强基础设施与重大工程气候风险管理、推动基础设施与重大工程气候韧性建设、完善基础设施与重大工程技术标准体系和突破基础设施与重大工程关键适应技术等，如智慧城市和数字乡村建设项目、能源工程与电网安全设施重点提升多电网联合并网项目、青藏铁路

及公路地基稳定性能提升项目等；城市与人居环境可包括强化城市气候风险评估、调整优化城市功能布局、保障城市基础设施安全运行、完善城市生态系统服务功能、加强城市洪涝防御能力建设与供水保障和提升城市气候风险应对能力等，如城市气候风险地图编制项目、城市电力电缆通道建设和具备条件地区架空线入地项目、城市生态修复项目、系统化全域推进海绵城市建设等；敏感二三产业可包括提升气象服务保障能力、防范气候相关金融风险、提高能源行业气候韧性、发展气候适应型旅游业和加强交通防灾和应急保障等，如开发基于大数据和人工智能的气象服务产品、建立覆盖各类金融机构和融资主体的气候和环境信息强制披露制度、电力设备监测和巡视维护强化项目等。

367. 气候投融资的工具有哪些？

国际气候投融资的公共资金工具和市场化工具均有广泛应用，其中气候债券工具、气候信贷工具和气候保险工具等是主要的市场化工具。根据国际气候政策中心的分析报告，国际气候资金的第一大类工具为贷款，其中市场利率贷款是 2017—2018 年融资最高的金融工具，融资额度为平均每年 3160 亿美元，其中 70% 是项目级别贷款，其余 30% 是资产负债表的借款。此外还有 640 亿美元的低成本项目贷款，故 2017—2018 年气候融资的贷款总额为平均每年 3800 亿美元，占所有融资的 66%。几乎所有的低成本项目贷款（93%）都来自公共资源，因为发展金融机构为与气候相关的项目提供了大量的优惠贷款。第二大类工具为股权，2017—2018 年平均每年 1690 亿美元，占融资总额的 29%。第三大类工具为赠款，2017—2018 年每年赠款额度为 290 亿美元，占气候融资总额的 5%，赠款基本都来自公共部门。

368. 如何引导和支持气候投融资地方实践？

（1）开展气候投融资地方试点。按照国务院关于区域金融改革工作的部署，积极支持绿色金融区域试点工作。选择实施意愿强、基础条件较优、具有带动作用和典型性的地方，开展以投资政策指导、强化金融支持为重点的气候投融资试点。

（2）营造有利的地方政策环境。鼓励地方加强财政投入支持，不断完善气候投融资配套政策。支持地方制定投资负面清单抑制高碳投资，创新激励约束机制推动企业减排，发挥碳排放标准预期引领和倒逼促进作用，指导各地做好气候项目的储备，进一步完善资金安排的联动机制，为利用多种渠道融资提供良好条件，带动低碳产业发展。

（3）鼓励地方开展模式和工具创新。鼓励地方围绕应对气候变化工作目标和重点任务，结合本地实际，探索差异化的投融资模式、组织形式、服务方式和管理制度创新。鼓励银行业金融机构和保险公司设立特色支行（部门），或将气候投融资作为绿色支行（部门）的重要内容。鼓励地方建立区域性气候投融资产业促进中心。支持地方与国际金融机构和外资机构开展气候投融资合作。

369. 什么是绿色债券？什么是气候债券？

绿色债券指募集资金专门用于支持符合规定条件的绿色产业、绿色项目或绿色经济活动，依照法定程序发行并按约定还本付息的有价证券。绿色债券与普通债券的共同点是绿色债券仍然具备"债券"属性，同样具有法律效力，债券投资人与发行主体之间存在债权债务关系。而绿色债券与普通债券的区别是通过绿色债券方式所筹集到的资金，只能用于政策规定的支持环境改善，发展新能源，应对气候变化等特定绿色项目。2021 年，中国境内绿色债券发行量超 6040 亿元，同比增长 180%，年末余额达 1.1 万亿元，其中共发行 1807 亿元绿色债券专项用于具有碳减排效益的绿色项目。

气候债券是经过气候债券倡议组织（Climate Bond Initiative，CBI）认证的绿色债券，是指债券募集资金用于符合 CBI 颁布的《气候债券分类方案》中的项目类别，经由气候债券倡议组织的授权核查机构妥善开展认证监督程序，从而认定发行标的符合气候债券标准的一类债券，属于新时期创新型的金融工具。

370. 绿色债券的核心要素是什么？

绿色债券应满足募集资金用途、项目评估与遴选、募集资金管理和存续期信息披露四项核心要素的要求。

（1）募集资金用途。绿色债券的募集资金需 100% 用于符合规定条件的绿色产业、绿色经济活动等相关的绿色项目。绿色项目是指符合绿色低碳发展要求、有助于改善环境，且具有一定环境效益的项目。绿色项目认定范围应依据中国人民银行会同国家发展改革委、中国证监会联合印发的《绿色债券支持项目目录（2021 年版）》（银发〔2021〕96 号），境外发行人绿色项目认定范围也可依据《可持续金融共同分类目录报告－减缓气候变化》《可持续金融分类方案－气候授权法案》等国际绿色产业分类标准。

绿色债券募集资金应直接用于绿色项目的建设、运营、收购、补充项目配套营运资金或偿还绿色项目的有息债务。

（2）项目评估与遴选。发行人应明确绿色项目具体信息，若暂无具体募投项目的，应明确评估与遴选流程，并在相关文件中进行披露，需考虑的因素包括但不限于：

①本期债券绿色项目遴选的分类标准及应符合的技术标准或规范，以及所遴选的绿色项目环境效益测算的标准、方法、依据和重要前提条件。②绿色项目遴选的决策流程，该流程包括但不限于流程制定依据、职责划分、具体实施过程。③所遴选的绿色项目应合法合规、符合行业政策和相应技术标准或规范，相关手续、备案或法律文件齐全且真实、准确、完整，承诺其中不存在虚假记载、误导性陈述或重大遗漏。

（3）募集资金管理。绿色债券募集资金管理要求包括但不限于：

①发行人应开立募集资金监管账户或建立专项台账，对绿色债券募集资金到账、拨付及收回实施管理，确保募集资金严格按照发行文件中约定的用途使用，做到全流程可追踪。②在不影响募集资金使用计划正常进行的情况下，经公司董事会或内设有权机构批准，发行人可将绿色债券暂时闲置的募集资金进行现金管理，投资于安全性高、流动性好的产品，如国债、政策性银行金融债、地方政府债等，单次投资期限不得超过 12 个月。

（4）存续期信息披露。绿色债券在存续期应持续做好信息披露工作，披露要求包括但不限于：

①发行人或资金监管机构应当及时记录、保存和更新募集资金的使用信息，直至募集资金全部投放完毕，并在发生重大事项时及时进行更新。发行人应每年在定期报告或专项报告中披露上一年度募集资金使用情况，内容包括募集资金整体使用情况、绿色项目进展情况、预期或实际环境效益等，并对所披露内容进行详细的分析与展示。相关工作底稿及材料应当在债券存续期届满后继续保存至少两年。②鼓励发行人按半年或按季度对绿色债券募集资金使用情况进行披露，半年或季度报告可重点说明报告期内募集资金使用情况，并对期末投放项目余额及数量进行简要分析。③鼓励发行人定期向市场披露第三方评估认证机构出具的存续期评估认证报告，对绿色债券支持的绿色项目进展及其实际或预期环境效益等实施持续跟踪评估认证。

371. 绿色债券包括哪些品种？

（1）普通绿色债券。普通绿色债券是专项用于支持符合规定条件的绿色项目，依照法定程序发行并按约定还本付息的有价证券。普通绿色债券还包含两个子品种：

①蓝色债券。蓝色债券是指符合《中国绿色债券原则》要求，募集资金投向可持续型海洋经济领域，促进海洋资源的可持续利用，用于支持海洋保护和海洋资源可持续利用相关项目的有价证券。

②碳中和债券。碳中和债券是指符合《中国绿色债券原则》要求，募集资金专项用于具有碳减排效益的绿色项目，通过专项产品持续引导资金流向绿色低碳循环领域，

助力实现碳中和愿景的有价证券。

（2）碳收益绿色债券（环境权益相关的绿色债券）。碳收益绿色债券是指符合《中国绿色债券原则》要求，募集资金投向符合规定条件的绿色项目，债券条款与水权、排污权、碳排放权等各类资源环境权益相挂钩的有价证券。例如产品定价按照固定利率加浮动利率确定，浮动利率挂钩所投碳资产相关收益。

（3）绿色项目收益债券。绿色项目收益债券是指符合《中国绿色债券原则》要求，募集资金用于绿色项目建设且以绿色项目产生的经营性现金流为主要偿债来源的有价证券。

（4）绿色资产支持证券。绿色资产支持证券是指符合《中国绿色债券原则》要求，募集资金用于绿色项目或以绿色项目所产生的现金流作为收益支持的结构化融资工具。

372. 什么是绿色信贷？

绿色信贷是指金融机构发放给企（事）业法人、个人或国家规定可以作为借款人的其他组织用于支持环境改善、应对气候变化和资源节约高效利用，投向节能环保、清洁生产、清洁能源、生态环境、基础设施绿色升级、绿色服务等领域的贷款。具体而言就是对"高能耗、高污染"行业实施信贷管制，通过项目准入、高利率、额度限制等约束其发展，引导其转变高能耗、高污染的经营模式；同时通过提供配套优惠的信贷政策与信贷产品，来加大对节能环保、低碳循环产业的扶持力度，使节能环保产业产生更大的生态效益，并反哺金融机构，最终实现生态与金融业的良性循环。

绿色信贷是中国绿色金融发展中起步最早、发展最快、政策体系最为成熟的产品。截至 2021 年底本外币绿色贷款余额达 15.9 万亿元，同比增长 33%，存量规模居全球第一。国内 21 家主要银行绿色信贷余额达 15.1 万亿元，占其各项贷款的 10.6%。

373. 什么是绿色保险？

绿色保险是绿色金融的重要组成部分，是指在支持环境改善、应对气候变化和资源节约高效利用等方面提供的市场化保险风险管理服务和保险资金支持。

中国绿色保险起步相对较晚，需进一步加快推进产品和服务创新，完善气候变化相关重大风险的制度机制建设，提升对绿色经济活动的风险保障能力。截至 2021 年底，保险资金投向碳达峰碳中和与绿色发展相关产业账面余额超过 1 万亿元。

374. 什么是绿电？

绿电是在生产电力的过程中，它的二氧化碳排放量为零或趋近于零，因相较于其他方式（如火力发电）所生产之电力，对于环境冲击影响较低。绿电的主要来源为太阳能、风能、生质能、地热等，中国主要以太阳能及风力为主。

375. 什么是绿电交易？

绿电交易特指绿色电力的电力中长期交易，产品主要为风电和光伏发电企业上网电量，条件成熟时，可逐步扩大至符合条件的水电。

376. 什么是绿证？

绿证是指信息中心按照国家相关管理规定，依据可再生能源上网电量，通过国家能源局可再生能源发电项目信息管理平台，向符合资格的可再生能源发电企业颁发的具有唯一代码标识的电子凭证。

377. 中国绿证的核发现状如何？

（1）绿证核发机制。中国的绿色电力证书核发工作由国家可再生能源信息管理中心负责，核发对象为陆上风电和集中式光伏电站。证书的内容包括：发电企业的名称、可再生能源的种类、发电的技术类型、生产日期、证书交易的范围、用以标识的唯一编号等。根据认证项目不同，绿色电力证书分为补贴证书和平价证书两大类。

（2）绿证价格机制。补贴证书和平价证书在定价机制上有所不同。考虑到解决财政补贴缺口的功能定位，补贴证书定价采取"以补定限，自由竞价"的模式，即买卖双方可通过自行协商或集中定价的方式确认补贴证书价格，最高不超过项目度电补贴金额，属于半市场化机制。平价证书的定价机制则更为市场化，其定价参考项目的度电成本、环境效益等因素，由买卖双方自由商议确定，不设上下限。

（3）绿证交易机制。中国绿色电力证书交易以自愿交易为主，由国家可再生能源信息管理中心负责组织实施。国内绿色电力证书自愿认购渠道有中国绿色电力证书认购交易平台网站、微信公众号两种。绿色电力证书自愿交易完成后，采取"电证分离"的形式进行绿色电力证书的权属转移，与电量交易无关。

据中国绿色电力证书认购交易平台数据显示，截至 2022 年 8 月 25 日，风电光伏绿证核发数目为 3600.9 万张，挂牌数目 1019.85 万张，完成交易数目为 317.24 万张。其中补贴绿证数量 7.89 万个，无补贴绿证数量 200.71 万个，绿电绿证数量 108.63 万个。

378. 什么是碳普惠？

碳普惠是指为小微企业、社区家庭和个人等的减碳行为进行具体量化和赋予一定价值，并建立起以商业激励、政策鼓励和核证减排量交易相结合的正向引导机制。

379. 什么是碳指数？

碳指数通常反映碳市场总体价格或某类碳资产价格变动及走势，是重要的碳价观察工具，也是开发碳指数交易产品的基础。

380. 首批正式获批中证上海环交所碳中和 ETF 有哪些？

由易方达、广发、富国、汇添富、南方、招商、工银瑞信、大成共 8 家基金公司于 2022 年 4 月 21 日递交的中证上海环交所碳中和 ETF（Exchange Traded Fund，是一种在交易所上市交易的、基金份额可变的开放式基金，以下简称"碳中和 ETF"）申请正式于 6 月 28 日获证监会核准发行。在业内人士看来，碳中和 ETF 不仅为投资者进行绿色投资提供了新的分析工具和投资标的，也进一步提升了资本市场服务经济绿色转型升级的能力。据招商基金介绍，首批 8 只碳中和 ETF 以中证上海环交所碳中和指数（Shanghai Environment and Energy Exchange，以下简称"SEEE 碳中和指数"）为跟踪标的，该指数是由中证指数有限公司联合上海环境能源交易所（以下简称"上海环交所"）编制开发，从碳中和的实现路径出发，应用上海环交所自研开发的碳中和行业减排模型计算碳中和贡献度，全面覆盖碳中和相关细分领域，代表性强，为投资者进行绿色投资提供了新的分析工具和投资标的。SEEE 碳中和指数共有 100 只成分股，成分股涉及深度低碳领域及高碳减排领域两大"候选池"。其中，深度低碳领域包括清洁能源与储能、绿色交通、减碳和固碳技术等，该领域共有 66 只成分股入选；而高碳减排领域则包括火电、钢铁、建材、有色金属、化工、建筑等，共有 34 只成分股入选。

381. 什么是绿色税收？

绿色税收又称环境税收，指对投资于防治污染或环境保护的纳税人给予的税收减免，或对污染行业和污染物的使用所征收的税。

382. 什么是碳税？

碳税是针对某些造成二氧化碳排放的商品或服务，依照排放量来征收的一种环境税。碳税的设置意图是通过税收手段，抑制向大气中排放过多的二氧化碳，从而减缓气候变暖进程。碳税在运输和能源部门较常见。通过对燃煤和石油下游的汽油、航空燃油、天然气等化石燃料产品，按其碳含量的比例征税来实现减少化石燃料消耗和二氧化碳排放。

383. 什么是碳期货？什么是碳期权？

碳期货是指以碳买卖市场的交易经验为基础，应对市场风险而衍生的碳期货商品。

碳期权是在碳期货基础上产生的一种碳金融衍生品，是指交易双方在未来某特定时间以特定价格买入或卖出一定数量的碳标的的权利。

第七部分　主体篇

一、企业

384. 什么是企业碳中和?

企业碳中和是企业温室气体核算边界内在一定时间内生产（通常以年度为单位）、服务过程中产生的所有温室气体排放量，按照二氧化碳当量计算，在尽可能自身减排的基础上，剩余部分排放量被核算边界外相应数量的碳信用、碳配额或（和）新建林业项目等产生的碳汇量完全抵销。

385. 中国企业温室气体排放核算方法与报告指南包括哪些行业?

中国已陆续发布了 24 个行业的企业温室气体排放核算方法与报告指南，即：

《中国发电企业温室气体排放核算方法与报告指南（试行）》

《中国电网企业温室气体排放核算方法与报告指南（试行）》

《中国钢铁生产企业温室气体排放核算方法与报告指南（试行）》

《中国化工生产企业温室气体排放核算方法与报告指南（试行）》

《中国电解铝生产企业温室气体排放核算方法与报告指南（试行）》

《中国镁冶炼企业温室气体排放核算方法与报告指南（试行）》

《中国平板玻璃生产企业温室气体排放核算方法与报告指南（试行）》

《中国水泥生产企业温室气体排放核算方法与报告指南（试行）》

《中国陶瓷生产企业温室气体排放核算方法与报告指南（试行）》

《中国民航企业温室气体排放核算方法与报告格式指南（试行）》

《中国石油和天然气生产企业温室气体排放核算方法与报告指南（试行）》

《中国石油化工企业温室气体排放核算方法与报告指南（试行）》

《中国独立焦化企业温室气体排放核算方法与报告指南（试行）》

《中国煤炭生产企业温室气体排放核算方法与报告指南（试行）》

《造纸和纸制品生产企业温室气体排放核算方法与报告指南（试行）》

《其他有色金属冶炼和压延加工业企业温室气体排放核算方法与报告指南（试行）》

《电子设备制造企业温室气体排放核算方法与报告指南（试行）》

《机械设备制造企业温室气体排放核算方法与报告指南（试行）》

《矿山企业温室气体排放核算方法与报告指南（试行）》

《食品、烟草及酒、饮料和精制茶企业温室气体排放核算方法与报告指南（试行）》

《公共建筑运营单位（企业）温室气体排放核算方法和报告指南（试行）》

《陆上交通运输企业温室气体排放核算方法与报告指南（试行）》

《氟化工企业温室气体排放核算方法与报告指南（试行）》

《工业其他行业企业温室气体排放核算方法与报告指南（试行）》

386. 企业温室气体排放核算流程是什么？

以发电企业为例，温室气体排放核算和报告工作内容包括：

（1）核算边界和排放源确定。确定重点排放单位核算边界，识别纳入边界的排放设施和排放源。排放报告应包括核算边界所包含的装置、所对应的地理边界、组织单元和生产过程。

（2）数据质量控制计划编制。按照各类数据测量和获取要求编制数据质量控制计划，并按照数据质量控制计划实施温室气体的测量活动。

（3）化石燃料燃烧排放核算。收集活动数据、确定排放因子，计算发电设施化石燃料燃烧排放量。

（4）购入电力排放核算。收集活动数据、确定排放因子，计算发电设施购入使用电量所对应的排放量。

（5）排放量计算。汇总计算发电设施二氧化碳排放量。

（6）生产数据信息获取。获取和计算发电量、供电量、供热量、供热比、供电煤（气）耗、供热煤（气）耗、供电碳排放强度、供热碳排放强度、运行小时数和负荷（出力）系数等生产信息和数据。

（7）定期报告。定期报告温室气体排放数据及相关生产信息，并报送相关支撑材料。

（8）信息公开。定期公开温室气体排放报告相关信息，接受社会监督。

（9）数据质量管理。明确实施温室气体数据质量管理的一般要求。

387. 为什么每个企业都应该关注碳中和？

碳中和对于企业发展的重要性表现在以下几方面。

政策壁垒方面：不符合环保或者减排要求的企业可能面临关停或者受到主动壁垒限制。

国际贸易方面：不经过碳认证的商品可能无法销售到某些市场或者无法出口。

金融方面：有不环保产品、生成过程排放超标，或者持有其他负绿色资产的企业可能无法得到金融机构的信贷支持。

消费者认同方面：不能证明其产品或者服务符合低碳标准的品牌可能被消费者抛弃。

员工价值认同方面：随着人们环保意识增强，求职过程中将会把企业的环保责任和社会责任作为重要考量因素。

供应链方面：高耗能、高排放企业或者产品无法经过低碳认证的企业可能无法进入大公司的供应链，从而被市场孤立和淘汰。

388. 碳达峰碳中和目标下企业有何发展机遇？

首先是新产业发展机遇。这一阶段，国家将加快发展新一代信息技术、生物技术、新能源、新材料、高端装备、新能源汽车、绿色环保以及航空航天、海洋装备等战略性新兴产业。推动互联网、大数据、人工智能、第五代移动通信（5G）等新兴技术与绿色低碳产业深度融合。

其次是低碳改造的机遇。这一阶段，国家将大力推动节能减排，全面推进清洁生产，加快发展循环经济，加强资源综合利用。加快推进工业领域低碳工艺革新和数字化转型。持续深化工业、建筑、交通运输、公共机构等重点领域节能，深化可再生能源建筑应用，推进城镇既有建筑和市政基础设施节能改造等。

最后是碳汇建设机遇。这一阶段，国家将实施生态保护修复重大工程，开展山水林田湖草沙一体化保护和修复。推进大规模国土绿化行动，巩固退耕还林还草成果，实施森林质量精准提升工程，持续增加森林面积和蓄积量。加强草原生态保护修复，整体推进海洋生态系统保护和修复，提升红树林、海草床、盐沼等固碳能力等。

389. 碳达峰碳中和背景下企业有何转型风险？

在政策层面，中国尚处在减碳的初期阶段，后续随着分地域、分行业政策措施的出台，政策要求将不断加码，企业将面临更严峻的政策压力。例如，碳排放配额制度的实行及碳排放权交易机制的建立将增加高排放、高能耗企业的排放成本，导致其利润下降，甚至出现亏损，引发财务风险。

在技术层面，在低碳转型的过程中，企业面临着技术变革带来的不确定性。以交通运输业为例，发展新能源汽车、实现电气化、使用绿色电力是陆上交通业减排的主要路径。受到清洁能源、电池、储能、智能驾驶等诸多新技术的影响，未来的技术路径存在高度不确定性。

在市场层面，低碳转型有可能导致市场偏好转向，推动资金流入减缓和适应气候变化的领域。投资者会更青睐低碳、绿色行业，导致上下游行业企业资产价格波动。在消费端，可能会有越来越多的消费者更愿意支持气候友好的可持续品牌，低碳消费品可能会挤压传统消费品的市场份额。

390. 从事碳中和相关技术的企业发展前景如何？

部分观点认为，只要涉及碳中和的企业、技术就会有很大的发展前景，实际上，有些企业未来可能会难以存活下去。企业在推进碳中和的过程中，成本控制是个很大的难题。比如光伏、风电等行业虽然具备了一定的技术，但是成本控制若不得当，企业也难生存下去。

另外，碳中和领域的一些市场在开始推进时会比较温和，实现碳中和的过程也比较缓慢，可能需要几十年的时间。对从事该领域的企业而言，商业模式、市场接受度、技术等都需要考量，需要时间来证明。所以，从这一方面来说，并不是所有企业都能存活下去。

391. 企业如何制定碳中和路径图？

（1）盘查并设定碳中和目标。全面细致的碳盘查有助于企业把握整体碳排放情况，甄别碳减排机会点。设置短期和长期的科学减排目标同样至关重要，能够确保所采取行动切中要害且行之有效。

（2）优化运营能效。用电是企业的一大碳排放源，企业可以从业务运营流程入手，提升能源利用效率。例如，升级现代化工具和设备，优化工作流程与方法，部署电力监测及管理系统，开发废弃物循环利用机制。

（3）增加业务运营中可再生能源的使用。采用可再生能源供电已成为企业普遍认可的减排方式，能够有效降低运营活动中的碳排放。企业应积极部署屋顶光伏发电系统等自有可再生能源系统，或从外部电厂直购绿电。

（4）打造绿色建筑。推动工厂、中心、分支机构和办公楼日常运营减排是企业碳减排的另一有力抓手，部署电力管理系统、传感器和 LED 系统是其中关键的第一步。与此同时，企业可采用能效更高的供暖供冷系统，进一步降低建筑用电。

（5）倡导绿色工作方式。企业可以鼓励员工践行绿色工作方式，促进业务碳减排。通过引导员工节约用电、减少不必要的差旅等举措，建立绿色工作规范。

（6）助力供应链脱碳。上游供应链方面，企业必须认识到，选择可持续的供应商，即采用可持续材料、流程和物流的供应商，是构建可持续价值链的重中之重。

（7）设计可持续产品。企业应当履行自身义务，协助下游利益相关方实现碳中和目标，而设计更具可持续性的产品是企业的重要着力点。绿色设计有助于减少产品使用阶段的碳排放，还可以通过可持续运营推动生产流程减排。

（8）采用下游绿色物流服务。下游物流是企业削减下游碳排放的另一重要考量因素。通过车辆电气化、使用可持续燃料、提升能效等手段促进自有车辆脱碳，抑或与环保型飞机、船舶和车队供应商合作，都是值得企业借鉴推广的举措。

（9）推出助力其他行业脱碳的产品及服务。除推动自身产品节能减排外，企业还可以推出产品及服务，帮助价值链其它利益相关方脱碳，诸如生产电动汽车或光伏逆变器、提供绿色贷款和绿色债券等措施，都将极大地促进下游价值链碳减排。

392. 企业碳资产管理的风险有哪些?

（1）政策风险。中国为政策驱动型市场，需及时关注与市场相关的国内政策变化，如碳抵消政策等。

（2）未履约风险。碳市场各种约束日期明确，对温室气体排放报告提交、履约的日期要遵守，对流程需熟悉。

（3）交易风险。量价变化市场特点鲜明，学习碳市场量价变动的特点，探索企业低成本履约的途径；较早平仓，降低履约成本。

393. 企业如何管理碳资产?

（1）摸清家底（MRV）。MRV 即测量、报告与核查（Measurement，Reporting，Verification），企业应做好碳排放数据统计和核查等基础性工作，深入了解自身的碳排放情况。

（2）确定减排路径。在 MRV 的基础上，通过对减排潜力、成本效益等进行测算，弄清诸如"上减排项目降低排放"还是"购买排放配额或国家核证自愿减排量（CCER）"等问题，综合确定企业实施减排的重点或优先领域。

（3）CCER 开发和储备。控排企业除了继续挖掘 CCER 项目的开发潜力，还可探索新的方法学、拓展减排项目领域。

（4）实现碳资产增值。一方面可以通过发展低碳技术等手段降低排放，另一方面也可以通过参与市场交易实现碳资产增值，如高抛低吸、波段操作，或购买 CCER 置换配额。

394. 中国对碳排放信息披露的要求是什么?

2022 年 2 月 8 日起施行的《企业环境信息依法披露管理办法》明确了国内企业环境信息披露的具体要求,其中碳排放信息的披露是环境信息披露的重点。管理办法第四条明确了企业是环境信息依法披露的责任主体,要求企业建立健全环境信息依法披露管理制度,规范工作规程,明确工作职责,建立准确的环境信息管理台账,妥善保存相关原始记录,科学统计归集相关环境信息。管理办法第十二条规定了企业年度环境信息依法披露的内容,其中明确了碳排放信息的披露,包括排放量、排放设施等方面的信息;管理办法第二十八条、第二十九条阐明了企业违反规定的处罚措施。企业不披露环境信息,或者披露的环境信息不真实、不准确的,由设区的市级以上生态环境主管部门责令改正,通报批评,并可以处一万元以上十万元以下的罚款;企业违反管理办法规定,有下列行为之一的,由设区的市级以上生态环境主管部门责令改正,通报批评,并可以处五万元以下的罚款:披露环境信息不符合准则要求的、披露环境信息超过规定时限的、未将环境信息上传至企业环境信息依法披露系统的。

395. 什么是 ESG?

ESG 是一种关注环境、社会和治理的非财务性企业评价体系,推动企业从单一追求自身利益最大化到追求社会价值最大化,也是推动企业可持续发展的系统方法论。ESG 的概念最早由联合国环境规划署在 2004 年提出,目前在资本市场,已成为影响投资决策的重要参考,是衡量上市公司是否具备足够社会责任感的重要标准。尤其是在降碳要求下,相关环境信息的披露已成为气候投融资的关键抓手。

E(Environment,环境):指公司在环境方面的积极作为,符合现有的政策制度、关注未来影响等,包括投入和产出两个方面。前者涵盖能源、水等资源的投入。后者包括温室气体的排放、资源消耗、废物污染、沙漠化率、生物多样性等。

S(Social,社会):指企业在社会方面的表现,体现在对外领导力、员工、客户、股东和社区等方面,包括产业扶贫,乡村振兴,员工福利,客户满意度,性别平等等。企业履行社会责任是助推企业长久发展的关键一环。社会责任强调企业在追求利润最大化的同时也要对消费者、员工、股东和企业所在社区等利益相关者负责。

G(Governance,治理):指公司在治理结构、透明度、独立性、董事会多样性、管理层薪酬和股东权利等方面的内容。因素有董事会的组成,高管的薪酬,腐败与贿赂,违规罚款,负面新闻等。公司治理对企业至关重要,与环境和社会方面相比,治理绩效对企业的财务绩效影响最大。

总的来说，ESG 即环境、社会和公司治理，包括信息披露、评估评级和投资指引三个方面，是社会责任投资的基础，是绿色金融体系的重要组成部分。

396.ESG 的意义何在?

（1）政策与监管层面，ESG 是促进绿色转型的主要动力。从可持续发展的角度，在政策制定环节纳入 ESG 的考量将以改善环境质量为基础，从环境效益、社会效益和经济效益三个维度出发，通过发挥政策引导的作用，进一步促进产业的绿色发展及转型。监管层面，一方面将 ESG 纳入行业规范可提高整体行业的 ESG 表现，促进行业能源使用效率的提高，降低行业的碳排放水平和碳中和风险；另一方面，通过充分发挥监管部门的规范作用，构建统一 ESG 行业信息披露标准也是有效推动碳中和进程的重要手段。

（2）金融机构层面，ESG 是应对气候风险，践行低碳投融资的重要抓手。对于银行类金融机构来说，践行 ESG 理念可以减少因自身业务活动、产品服务对环境造成的负面影响；同时通过构建环境与社会风险管理体系，将 ESG 纳入授信全流程有助于促进金融支持进一步向低碳项目及低碳企业倾斜。银行业金融机构以 ESG 为抓手，通过提供多样化的低碳金融产品，促进低碳、循环经济的发展及碳中和目标的实现。

对于投资类金融机构来说，碳中和的提出进一步对投资市场及投资策略产生影响。通过将 ESG 纳入投资决策流程，投资类金融机构可以根据碳中和目标适时调整投资战略，主动识别和控制与碳中和密切相关的风险，积极践行低碳投资，扩大对绿色领域的投资规模，充分发挥资本市场对实现碳中和的经济支持。

（3）企业层面，ESG 为碳中和目标的达成提供基本保障。企业层面，ESG 可以有效综合衡量企业在应对气候变化和实现碳中和目标上的可持续发展能力，为企业自身碳中和目标的实现提供基础条件。

①企业战略角度。碳中和目标的提出，使得节能减排不仅出于企业承担环境与社会责任的目的，更成为了企业宏观战略发展中的一部分。将 ESG 的发展理念融入企业规划并构建 ESG 组织管理体系，可以帮助企业在立足自身高质量发展的同时，满足各方利益相关者的期望与要求，共建共享可持续发展理念，以更明确的实施路径，更专业化和规范化的管理流程，深入践行 ESG 行动目标及气候变化相关的管理实践，实现企业碳中和的长远愿景。

②企业运营角度。ESG 将助力企业日常生产经营活动中的节能减排、环境保护等碳中和绩效的达成；同时通过加大绿色技术的研发和产品创新，可以促进企业以科技

手段推动碳中和的实现。此外，ESG 表现较好的企业可以获得更多各方利益相关者的信任，凭借更好的信用品质，企业一定程度上也可以拓宽融资渠道和成本，为达到碳中和目标提供更多的资金支持。

397.ESG 的评估指标有哪些?

ESG 的评估指标主要包括降低污染、节能绿色等环境指标，员工管理、供应链管理、客户管理、公益捐赠等社会指标，以及商业道德、信息披露等公司治理相关指标。

表 4　ESG 评估指标

一级指标	二级指标	三级指标
环境 Environment	E1 环境管理	环境管理体系、管理目标、员工环境意识、节能和节水政策、绿色采购政策等
	E2 环境披露	能源消耗、节能、耗水、温室气体排放等
	E3 环境负面事件	水污染、大气污染、固废污染等
社会 Social	S1 员工管理	劳动政策、反强迫劳动、反歧视、女性员工、员工培训等
	S2 供应链管理	供应链责任管理、监督体系等
	S3 客户管理	客户信息保密等
	S4 社区管理	社区沟通等
	S5 产品管理	公平贸易产品等
	S6 工艺及捐赠	企业基金会、捐赠及公益活动等
	S7 社会负面事件	员工、供应链、客户、社会及产品负面事件
公司治理 Governance	G1 商业道德	反腐败和贿赂、举报制度、纳税透明等
	G2 公司治理	信息披露、董事会独立性、高管薪酬、董事会多样性等
	G3 公司治理负面事件	商业道德、公司治理负面事件等

资料来源：商道融绿 ESG 评估指标体系。

398.ESG 与碳达峰碳中和目标有何关系?

碳中和目标的提出，使得节能减排成为了企业宏观战略发展中的一部分。ESG 可以有效衡量企业在应对气候变化和实现碳中和目标上的可持续发展能力，为企业自身碳中和目标的实现提供基础条件。将 ESG 的发展理念融入企业规划并构建 ESG 组织管理体系，可以帮助企业在立足自身高质量发展的同时，满足各方利益相关者的期望与要求，共建共享可持续发展理念，以更明确的实施路径，更专业化和规范化的管理流程，深入践行 ESG 行动目标及气候变化相关的管理实践，实现企业碳中和的长远愿景。此外，ESG 表现较好的企业可以获得更多各方利益相关者的信任，凭借更好的信用品质，企业一定程度上也可以拓宽融资渠道和成本，为达到碳中和目标提供更多资金支持。

399. 什么是 ESG 投资？

ESG 投资是指在投资实践中融入 ESG 理念，在传统财务分析的基础上，通过环境、社会、公司治理三个维度考察企业中长期发展潜力，找到既创造经济效益又创造社会价值、具有可持续成长能力的投资标的。在国内的资本市场，碳达峰碳中和目标的确定对 ESG 投资起到了巨大的推动作用，ESG 内涵高度契合中国经济和资本市场高质量发展要求，也受到国内金融业界的高度关注和广泛认可。中国碳金融市场尚处起步阶段，ESG 投资产品的国际化特点可以为市场提供低碳发展、碳中和战略目标实现路径的有效补充，是"实现碳达峰碳中和目标"达成的重要配套支撑。

400. 什么是碳标识？

碳标识也叫碳标签，是环境标识的一种，是披露商品在全生命周期中（质化的或量化的）碳排放信息的政策工具，指的是通过对商品生命周期每个阶段的碳排放量进行核算、确认和报告，将量化结果标识在产品或服务的标签上，以告知消费者产品的碳信息。

碳标识一般包括两个步骤：量化 / 计算与沟通 / 标识。量化 / 计算是指在一定方法学下计算得到商品全生命周期温室气体排放量，而沟通 / 标识是指确保商品获得的碳标识可监测、可报告、可核查且真实反映了其碳排放。迄今已有包括日本、英国、美国、瑞典、中国在内的多个国家和地区采用了碳标识，中国大陆地区在 2018 年开始推动"碳足迹标签"计划。

401. 什么是低碳产品？什么是低碳产品认证？

低碳产品是与同类产品或者相同功能的产品相比，碳排放量值符合相关低碳产品评价标准或者技术规范要求的产品。

低碳产品认证是由认证机构证明产品碳排放量值符合相关低碳产品评价标准或者技术规范要求的合格评定活动。

402. 碳排放权交易应如何缴纳增值税？

销售无形资产是指转让无形资产所有权或者使用权的业务活动。无形资产，是指不具实物形态，但能带来经济利益的资产，包括技术、商标、著作权、商誉、自然资源使用权和其他权益性无形资产。

技术，包括专利技术和非专利技术。

自然资源使用权，包括土地使用权、海域使用权、探矿权、采矿权、取水权和其他自然资源使用权。

其他权益性无形资产，包括基础设施资产经营权、公共事业特许权、配额、经营权（包括特许经营权、连锁经营权、其他经营权）、经销权、分销权、代理权、会员权、席位权、网络游戏虚拟道具、域名、名称权、肖像权、冠名权、转会费等。

根据以上规定，碳排放权交易应当按"销售无形资产——其他权益性无形资产"缴纳增值税。

403. 企业厂区以外的公共绿化用地需要缴纳城镇土地使用税吗？

对企业厂区（包括生产、办公及生活区）以内的绿化用地，应照章征收土地使用税，厂区以外的公共绿化用地和向社会开放的公园用地，暂免征收土地使用税。

404. 取用污水处理再生水可以享受免征水资源税吗？

所列地区取用污水处理再生水可以享受免征水资源税：北京市、天津市、山西省、内蒙古自治区、河南省、山东省、四川省、陕西省、宁夏回族自治区。

405. 污水处理厂生产的再生水可以享受即征即退或免征增值税的情形？

纳税人从事《资源综合利用产品和劳务增值税优惠目录（2022年版）》2.15"污水处理厂出水、工业排水（矿井水）、生活污水、垃圾处理厂渗透（滤）液等"项目、5.1"垃圾处理、污泥处理处置劳务"、5.2"污水处理劳务"项目，可适用《财政部 税务总局关于完善资源综合利用增值税政策的公告》（财政部 税务总局公告2021年第40号）第三项规定的增值税即征即退政策，也可选择适用免征增值税政策；一经选定，36个月内不得变更。选择适用免税政策的纳税人，应满足《财政部 税务总局关于完善资源综合利用增值税政策的公告》（财政部 税务总局公告2021年第40号）第三项有关规定以及《资源综合利用产品和劳务增值税优惠目录（2022年版）》规定的技术标准和相关条件，相关资料留存备查。

406. 排放应税大气污染物或水污染物的浓度减征环境保护税有何标准？

纳税人排放应税大气污染物或者水污染物的浓度值低于国家和地方规定的污染物

排放标准百分之三十的，减按百分之七十五征收环境保护税；纳税人排放应税大气污染物或者水污染物的浓度值低于国家和地方规定的污染物排放标准百分之五十的，减按百分之五十征收环境保护税。

407.承受荒山、荒地、荒滩用于农林牧渔业生产可享受的契税优惠政策？

承受荒山、荒地、荒滩土地使用权用于农、林、牧、渔业生产，免征契税。

408.从事污染防治的第三方企业减按 15% 的税率征收企业所得税的条件？

第三方防治企业是指受排污企业或政府委托，负责环境污染治理设施（包括自动连续监测设施）运营维护的企业。

第三方防治企业应当同时符合以下条件：

（1）在中国境内（不包括港、澳、台地区）依法注册的居民企业；

（2）具有 1 年以上连续从事环境污染治理设施运营实践，且能够保证设施正常运行；

（3）具有至少 5 名从事本领域工作且具有环保相关专业中级及以上技术职称的技术人员，或者至少 2 名从事本领域工作且具有环保相关专业高级及以上技术职称的技术人员；

（4）从事环境保护设施运营服务的年度营业收入占总收入的比例不低于 60%；

（5）具备检验能力，拥有自有实验室，仪器配置可满足运行服务范围内常规污染物指标的检测需求；

（6）保证其运营的环境保护设施正常运行，使污染物排放指标能够连续稳定达到国家或者地方规定的排放标准要求；

（7）具有良好的纳税信用，近三年内纳税信用等级未被评定为 C 级或 D 级。

409.用于环境保护专用设备的投资额按何比例实行企业所得税税额抵免？

企业购置并实际使用《环境保护专用设备企业所得税优惠目录》规定的环境保护专用设备的，该专用设备的投资额的 10% 可以从企业当年的应纳税额中抵免；当年不足抵免的，可以在以后 5 个纳税年度结转抵免。

410.新能源车船免征车船税，新能源车船的标准是什么？

（1）免征车船税的新能源汽车是指纯电动商用车、插电式（含增程式）混合动力汽车、燃料电池商用车。

（2）免征车船税的新能源汽车应同时符合以下标准：

①获得许可在中国境内销售的纯电动商用车、插电式（含增程式）混合动力汽车、燃料电池商用车；②符合新能源汽车产品技术标准，具体标准见《财政部 税务总局 工业和信息化部 交通运输部关于节能 新能源车船享受车船税优惠政策的通知》（财税〔2018〕74 号）附件 4《新能源汽车产品技术标准》；同时符合《中华人民共和国工业和信息化部 财政部 税务总局关于调整享受车船税优惠的节能新能源汽车产品技术要求的公告》（中华人民共和国工业和信息化部 财政部 税务总局公告 2022 年第 2 号）对财税〔2018〕74 号文中插电式混合动力（含增程式）乘用车调整的有关技术要求；③通过新能源汽车专项检测，符合新能源汽车标准，具体标准见《财政部 税务总局 工业和信息化部 交通运输部关于节能 新能源车船享受车船税优惠政策的通知》（财税〔2018〕74 号）附件 5《新能源汽车产品专项检验标准目录》；④新能源汽车生产企业或进口新能源汽车经销商在产品质量保证、产品一致性、售后服务、安全监测、动力电池回收利用等方面符合相关要求，具体要求见《财政部 税务总局 工业和信息化部 交通运输部关于节能 新能源车船享受车船税优惠政策的通知》（财税〔2018〕74 号）附件 6《新能源汽车企业要求》。

（3）免征车船税的新能源船舶应符合以下标准：船舶的主推进动力装置为纯天然气发动机。发动机采用微量柴油引燃方式且引燃油热值占全部燃料总热值的比例不超过 5% 的，视同纯天然气发动机。

（4）符合上述标准的节能、新能源汽车，由工业和信息化部、税务总局不定期联合发布《享受车船税减免优惠的节约能源使用新能源汽车车型目录》。

411. 充填开采置换出来的煤炭减征资源税，减征比例是多少？

2014 年 12 月 1 日至 2023 年 8 月 31 日，对充填开采置换出来的煤炭，资源税减征 50%。

二、城市

412. 什么是低碳城市？

低碳城市是指城市在经济高速发展的前提下，保持能源消耗和二氧化碳排放处于较低的水平，经济发展以低碳经济为发展模式及方向，市民以低碳生活为理念和行为特征，政府公务管理层以低碳社会为建设标本和蓝图的城市。

低碳城市的建设包括以下几个方面：开发低碳能源是建设低碳城市的基本保证，清洁生产是建设低碳城市的关键环节，循环利用是建设低碳城市的有效方法，持续发展是建设低碳城市的根本方向。

413. 低碳城市有哪些评价指标?

基于低碳城市的内涵和指标体系的构建理念，低碳城市评价指标体系分为三级，其中一级指标 5 个，二级指标 21 个，三级指标 50 个。低碳城市评价指标体系见表 5。

表 5　低碳城市评价指标体系

一级指标	二级指标	三级指标	单位	属性	类型
低碳经济	产业结构	1. 战略性新兴产业增加值占地区生产总值比重	%	定量	正向
		2. 高新技术产业产值占规模以上工业产值比重	%	定量	正向
		3. 服务业增加值占地区生产总值比重	%	定量	正向
	创新水平	4. 研究与试验发展经费支出占地区生产总值比重	%	定量	正向
		5. 万人发明专利拥有量	件	定量	正向
	资源产出	6. 水资源产出率	万 / 吨	定量	逆向
		7. 建设用地产出率	万元 / 公顷	定量	逆向
	循环利用	8. 一般工业固体废弃物综合利用率	%	定量	正向
		9. 农作物秸秆综合利用率	%	定量	正向
		10. 畜禽养殖场粪便综合利用率	%	定量	正向
		11. 城市再生水利用率	%	定量	正向
		12. 生活垃圾回收利用率	%	定量	正向
	碳汇建设	13. 林木覆盖率	%	定量	正向
		14. 活立木单位面积蓄积量	立方米 / 公顷	定量	正向
		15. 城市建成区绿地率	%	定量	正向
低碳能源	能源总量	16. 能源消费总量增长率	%	定量	逆向
		17. 煤炭消费量增长率	%	定量	逆向
	能源结构	18. 天然气消费量占能源消费总量比重	%	定量	正向
		19. 煤炭消费量占能源消费总量比重	%	定量	逆向
	能源节约	20. 单位地区生产总值能源消耗	吨标准煤 / 万元	定量	逆向
		21. 公共机构人均能源消耗	千克标准煤 / 人	定量	逆向

续表

一级指标	二级指标	三级指标	单位	属性	类型
低碳社会	绿色建筑	22. 城镇新建绿色建筑比例	%	定量	正向
		23. 装配式建筑占新建建筑比例	%	定量	正向
	低碳交通	24. 城镇每万人口公共交通客运量	万人次	定量	正向
		25. 万人拥有新能源汽车保有量	辆	定量	正向
		26. 共享单车使用频次	人次 / 辆	定量	正向
	绿色消费	27. 高效节能家电产品市场占有率	%	定量	正向
生态环境	环境治理	28. 单位地区生产总值化学需氧量排放量	吨 / 亿元	定量	正向
		29. 单位地区生产总值氨氮排放量	吨 / 亿元	定量	正向
		30. 单位地区生产总值二氧化硫排放量	吨 / 亿元	定量	正向
		31. 单位地区生产总值氮氧化物排放量	吨 / 亿元	定量	正向
	大气环境	32. 城市空气质量优良天数比率	%	定量	正向
	水体环境	33. 地表水优于 III 类水体比例	%	定量	正向
		34. 重要江河湖泊水功能区水质达标率	%	定量	正向
	土壤环境	35. 单位耕地面积化肥使用量	千克 / 公顷	定量	逆向
		36. 单位耕地面积农药使用量	千克 / 公顷	定量	逆向
低碳管理	发展目标	37. 单位地区生产总值二氧化碳排放量	吨 / 万元	定量	逆向
		38. 人均二氧化碳排放量	千克 / 万人	定量	逆向
	组织领导	39. 领导机构		定性	正向
		40. 考核机制		定性	正向
	能力建设	41. 发展规划		定性	正向
		42. 统计与核算体系		定性	正向
		43. 监测、报告和核查制度		定性	正向
		44. 碳排放管理平台		定性	正向
	政策措施	45. 低碳技术		定性	正向
		46. 示范试点		定性	正向
		47. 碳普惠制度		定性	正向
	交流合作	48. 交流合作		定性	正向
	宣传引导	49. 公众知晓度	%	定量	正向
		50. 公众满意度	%	定量	正向

资料来源：《低碳城市评价指标体系》（DB32/T 3490—2018）。

414. 中国低碳城市试点有哪些?

自 2008 年,世界自然基金会(WWF)联合住建部、发改委推出"低碳城市"这一理念以来,中国已发展三批,共计 87 个试点低碳省区和城市,具体包括:

第一批国家低碳省区和低碳城市试点范围为:广东、辽宁、湖北、陕西、云南五省和天津、重庆、深圳、厦门、杭州、南昌、贵阳、保定八市。

第二批国家低碳省区和低碳城市试点范围为:北京市、上海市、海南省、石家庄市、秦皇岛市、晋城市、呼伦贝尔市、吉林市、大兴安岭地区、苏州市、淮安市、镇江市、宁波市、温州市、池州市、南平市、景德镇市、赣州市、青岛市、济源市、武汉市、广州市、桂林市、广元市、遵义市、昆明市、延安市、金昌市、乌鲁木齐市。

第三批国家低碳省区和低碳城市试点范围为:乌海市、沈阳市、大连市、朝阳市、逊克县、南京市、常州市、嘉兴市、金华市、衢州市、合肥市、淮北市、黄山市、六安市、宣城市、三明市、共青城市、吉安市、抚州市、济南市、烟台市、潍坊市、长阳土家族自治县、长沙市、株洲市、湘潭市、郴州市、中山市、柳州市、三亚市、琼中黎族苗族自治县、成都市、玉溪市、普洱市思茅区、拉萨市、安康市、兰州市、敦煌市、西宁市、银川市、吴忠市、昌吉市、伊宁市、和田市、第一师阿拉尔市。

415. 气候变化对城市有什么影响?

(1)极端气温与城市热岛。高温热浪对城市建设、居民健康、经济发展、社会文化和基础设施等造成的风险可能会继续恶化。预计到 2100 年,有一半至 3/4 的人口可能会因极端高温和湿度耦合威胁到生命健康。

(2)城市洪涝。极端降水频率和强度的增加可能会扩大洪涝灾害影响范围。未来亚洲城市面临洪涝风险更加突出。洪涝的增加不仅造成巨大经济损失,也加剧健康风险。

(3)城市缺水与水安全。气候驱动因素(如气温升高、区域降水减少和干旱)和城市化进程(如土地利用变化、人口迁移、水资源过度利用)影响城市水资源供给与安全。到 2050 年,全球近 1/3 的城市可能耗尽现有水资源。温升 1.5℃ 情景下全球约有 3.5 亿城市人口将面临严重干旱引起的缺水;温升 2℃ 时,将增加至 4.1 亿多人。

(4)其他致灾因子。寒潮、滑坡、火灾和空气污染等灾害在气候变化影响下更容易威胁城市、住区和关键基础设施。

416. 碳达峰碳中和目标下城市有什么特殊责任?

全球正处于城市化发展进程中,根据 2020 年 12 月联合国人居署发布的《2020 年世界城市报告》,目前全球城市化率为 56.2%,2030 年将达到 60.4%。城市作为人口和经济活动聚集的中心,城市运转大量消耗化石能源,因此城市是二氧化碳排放的主要来源。根据联合国人居署的统计和 21 世纪可再生能源政策组织发布的《全球城市可再生能源现状报告》,城市消耗了全世界 78% 的能源,碳排放量约占全球碳排放量的 75%。因此,城市对于实现碳达峰碳中和目标负有特殊责任。但同时,城市也具备了低碳行动的条件。在区域层面,城市可以鼓励和支持所在地区的脱碳化。具体可以从以下四个方面入手:

(1)区域内大力推广绿色基础设施;

(2)采用区域排放核算;

(3)实现地区产业升级,让经济的快速发展不再依赖于高能耗产业;

(4)大城市可分享最佳做法和政策。

在国际层面,城市因其拥有丰富的实践经验和金融专长,可以在推进脱碳化和制定气候政策方面,扮演越来越重要的角色,包括:

(1)调动资本投入绿色项目;

(2)与合作伙伴联手打造创新示范项目;

(3)支持高级别协商与合作。

417. 什么是组团式城市?

组团式城市是指由于自然条件等因素的影响,城市用地被分隔为几块。进行城市规划时,结合地形,把功能和性质相近的部门相对集中,分块布置,每块都布置有居住区和生活服务设施,每块成一个组团。组团之间保持一定的距离,并有便捷的联系。

如合肥市由三个组团构成,绿带楔入城市中心;宜宾市由五个组团组成。这种布局形式如组团之间的间隔适当,城市可保持良好的生态环境,又可获得较高的效率。大部分组团式城市都是中心城区在初期发展时吞并周边县市形成的。

418. 如何推动城市组团式发展?

城市组团式发展是现代城市发展的新形态,有利于生产要素在更大范围和空间内优化配置,更好促进城市综合承载和辐射带动作用。要积极开展绿色低碳城市建设,推动组团内城市生态修复,完善城市生态系统,加强生态廊道、景观视廊、通风廊道、滨水空间和城市绿道统筹布局，留足城市河湖生态空间和防洪排涝空间。结合组团内城市特点，加强城市设施与原有河流、湖泊等生态本底的有效衔接，因地制宜，系统化全域推进海绵城市建设，综合采用"渗、滞、蓄、净、用、排"方式，加大雨水蓄滞与利用。

419. 什么是韧性城市?

韧性城市作为一种新的城市发展理念在城市规划和社会治理领域受到了广泛关注。经济合作与发展组织提出，韧性城市是指城市具有能力吸收各种经济、环境、社会和制度冲击带来的影响并从中恢复，同时为未来冲击做好准备，韧性城市有利于推动可持续发展、健康福祉和包容性增长。

420. 什么是海绵城市?

海绵城市是韧性城市的一种形式，是指通过加强城市规划建设管理，充分发挥建筑、道路和绿地、水系等生态系统对雨水的吸纳、蓄渗和缓释作用，有效控制雨水径流，实现自然积存、自然渗透、自然净化的城市发展方式。

421. 海绵城市与韧性城市有何关联和不同?

相对于海绵城市，韧性城市涉及自然、经济、社会等各个领域，注重多元化的参与；更加强调城市的适应性和创新性，将以往单纯的防灾减灾向后端延伸，提升城市系统受到冲击以后的"回弹""重组"以及"学习""转型"等能力。

422. 城市足够韧性的特征有哪些?

国际韧性联盟认为"韧性"具有三个本质特征：

（1）自控制。城市系统遭受重创和改变的情形下，依然能在一定时期内维持基本功能的运转。系统通常具有冗余特征，具备一定的超过自身需求的能力，并保持一定程度的功能重叠以防止全盘失效。

（2）自组织。城市是由人类集聚产生的复杂系统，具备自组织能力是系统韧性的重要特征。系统内部一般保持动态平衡，组成系统的各个部分之间形成强有力的联系和相互作用；同时能够实现系统内外资源的高效流动，及时填补系统缺口。

（3）自适应。韧性城市具备从经验中学习、总结，增强自适应能力的特征。韧性城市系统通常为扁平系统，具有较强的灵活性和适应能力，通过多元系统的构建，选择性和针对性地削减外部冲击带来的损害。

423. 建设韧性城市有何意义?

随着极端天气的频繁出现,韧性城市建设被提上日程,成为中国城市建设的又一发展目标。韧性城市的建设一是经济高质量发展的需要。作为现代技术创新和先进产业集群的空间载体,增强城市韧性有助于提高产业链供应链的稳定性;二是以人为核心的新型城镇化的需要。当更多人口和产业聚集到城市,保障居民生命财产安全至关重要;三是提升全球经济竞争力的需要。增强应对重大灾害和冲击的韧性能力是城市参与未来全球竞争的战略能力。

424. 韧性城市与应对气候变化如何契合?

在全球极端气候、自然灾害等突发性事件频发,气候变化减缓行动难以在短期内迅速奏效的情形下,将碳达峰碳中和目标与韧性建设紧密结合,构建协同气候减缓和适应的低碳韧性发展路径,能更有效地规避未来气候变化可能造成的损失,是推进城市可持续发展、助力实现碳中和的必经之路。在可持续发展目标下,低碳韧性强调整合减缓和适应以应对气候变化。

425. 韧性城市建设包括哪些方面?

(1)增强城市的经济韧性。是指城市在面临外部环境变化、经济发展周期变迁、产业和科技革命甚至经济危机时,能及时灵活进行经济结构、产业结构及有关政策的调整,增强经济发展应对外部变化的弹性,保持经济持续健康发展,避免经济大起大落。

(2)增强城市的社会韧性。社会韧性主要针对社会脆弱性而言的,指的是当社会结构遇到冲击或风险时,能够维持社会整合、确保社会治理、保持社会有效运行的能力。与经济韧性不同,社会韧性强调社会共同体意识,注重社会团结互助。一个具有较强社会韧性的城市,一定是充满关怀和温情的城市,也是有凝聚力的城市。

(3)增强城市的生态韧性。城市人口的集聚,会对城市的生态系统带来压力。这种压力包括生态绿化的破坏、水资源的过度开发、大气和土壤因工业发展带来污染,以及城市的热岛效应、洪涝灾害等。未来随着城市化进程加快,还会进一步催生出更多的资源环境矛盾,引发人与地理环境关系的深刻变革。

(4)增强城市的组织韧性。如果说经济、社会、生态韧性是城市韧性的"硬实力",那么,组织韧性就是城市韧性的"软实力"。和西方国家相比,中国社会主义制度的一大优越性,就是拥有强大的组织动员能力。这种能力在面对灾害风险时,能够迅速调动各类资源,集中各方力量,形成强大合力。

426. 城市韧性指标体系有哪些?

韧性城市建设既然是一项系统工程,那么其建设目标和评价的指标体系,也应具备较完整的系统性。2021年11月26日《安全韧性城市评价指南》(GB/T 40947—2021)发布,于2022年5月1日实施。标准的主要内容包括三部分,分别为评价目的和原则、评价内容和指标、评价方法、打分与计算方法。安全韧性城市评价方法主要包括自评价、外部评价和第三方评价三种方式。自评价由被评价城市人民政府主管部门负责,上级政府评价由上一级人民政府主管部门负责组织,是对被评价城市自评价工作的复核与审查,第三方指独立于被评价对象和政府主管部门之外的组织。

427. 分阶段的韧性城市目标如何达成?

第一阶段:基础韧性——补短板

与韧性相对的是脆弱性,建设安全韧性城市首先要消除城市的脆弱性,即针对城市基本抗灾能力不足的薄弱环节来"补短板"。例如对抗震能力不达标的建筑进行加固,对破损老化的市政基础设施开展修缮更新等工作,使城市在设防标准之内不因"小灾"而出现"大祸"。

第二阶段:系统韧性——优体系

在补足城市基础韧性短板的基础上,针对城市各子系统在遭受灾害冲击时可能产生的系统故障与灾害连锁效应,制定系统优化与分阶段实施方案,实现城市各子系统自身的韧性发展。例如针对城市的给水系统,通过对系统服务能力的分析,以及对系统内水源、管网、节点等要素在受灾时的可靠性分析,提出不同灾害性冲击情景下系统的应急保障和恢复方案,实现在尽可能短的时间内恢复系统功能。

第三阶段:发展韧性——增效益

结合城市现状与发展规划,从城市服务功能和风险防控的角度,确定城市韧性功能需求,并建立各子系统之间的内在关联。通过对城市各子系统的功能关联分析,明晰各子系统间的协同策略,促进城市系统整体韧性的提升,体现韧性城市的综合效益。

428. 国家推进韧性城市建设的政策有哪些?

2015年,国务院发布关于推进海绵城市建设的指导意见,进一步推进海绵城市建设;2017年6月中国地震局提出实施《国家地震科技创新工程》,"韧性城乡"列入四大计划之一;2020年11月3日,《国民经济和社会发展第十四个五年规划和2035年远景目标》首次提出建设"韧性城市":"推进以人为核心的新型城镇化。强化历史文化保护、塑造城市风貌，加强城镇老旧小区改造和社区建设，增强城市防洪排涝能力，建设海绵城市、韧性城市。提高城市治理水平，加强特大城市治理中的风险防控。"此外，北京、上海、广州等城市在未来的城市总体规划中都提到要建设韧性城市。

429. 国际上有哪些韧性城市建设实践？

全球范围内，许多城市已经开始了关于韧性城市的规划与建设实践。2011 年，英国伦敦发布《管理风险和提高韧性：我们的适应性战略》，以应对气候变化给伦敦带来的风险，提高城市的韧性与安全性。2013 年，美国纽约发布《一个更强大、更具韧性的纽约》总体规划，提出了受 2012 年飓风"桑迪"严重影响的社区的恢复重建计划，以及提高整个城市基础设施与建筑韧性的行动建议。2018 年，美国洛杉矶市长办公室发布《韧性洛杉矶》发展战略，提出了 15 个目标和 96 项行动计划，旨在通过加强领导力参与度、灾难准备和修复能力、经济安全性、气候适应性和基础设施现代化程度，使洛杉矶成为最强大、最安全的城市。

430. 中国有哪些韧性城市建设实践？

北京是中国首个将城市韧性这一概念写入总体规划的城市，在《北京城市总体规划（2016—2035）》中明确提出"加强城市防灾减灾能力，提高城市韧性"；2021 年 11 月北京市印发《关于加快推进韧性城市建设的指导意见》，明确提出到 2025 年，韧性城市评价指标体系和标准体系基本形成，建成 50 个韧性社区、韧性街区或韧性项目，形成可推广、可复制的韧性城市建设典型经验。到 2035 年，韧性城市建设取得重大进展，抗御重大灾害能力、适应能力和快速恢复能力显著提升。

上海在《上海市城市总体规划（2017—2035）》中，在"卓越的全球城市"这一总目标下提出了 3 个分目标，其中包括"更可持续的韧性生态之城"。

重庆市人民政府印发的《重庆市城市基础设施建设"十四五"规划（2021—2025年）》提出，牢固树立安全发展理念，构建综合性、全方位、系统化、现代化的城市防灾减灾体系，加快建设韧性城市。规划提出，"十四五"期间，5 级以上江河堤防达标率达 88%，不断提升抗御地震灾害能力。推进综合管廊系统化建设，城市新区新建道路配建率不低于 30%。

广东省广州市人民政府办公厅印发的《广州市城市基础设施发展"十四五"规划》提出，构筑更具韧性的安全防护设施。坚持安全发展理念，巩固防洪排涝工程体系，推进海绵城市建设，完善人防工程、应急避护、公共消防设施，提升城市综合防护实力与急救抗灾能力，推动建设安全韧性城市。展望至 2035 年，广州将建成全球重要综合交通枢纽、智慧可靠的资源保障体系、安全韧性的防护系统以及优美和谐的生态环境，全面形成具有全球竞争优势的高质量现代化基础设施体系。

2020年，江苏省南京市提出加快推进韧性城市建设，提高城市防灾减灾和安全保供能力。举措包括深入推进全域造林绿化行动、提高污水处置能力、强化生活垃圾处理能力、建设应急避难场所等。2021年11月，《南京市"十四五"应急体系建设（含安全生产）规划》出炉。具体做法包括：市区分别建设不少于5支和3支重点专业应急救援队伍；强化应急救助，将自然灾害发生后受灾群众基本生活得到有效安置时间由12小时缩短为10小时之内等。

431. 什么是无废城市？

无废城市是以创新、协调、绿色、开放、共享的新发展理念为引领，通过推动形成绿色发展方式和生活方式，持续推进固体废物源头减量和资源化利用，最大限度减少填埋量，将固体废物环境影响降至最低的城市发展模式。"无废城市"并不是没有固体废物产生，也不意味着固体废物能完全资源化利用，而是一种先进的城市管理理念，旨在最终实现整个城市固体废物产生量最小、资源化利用充分、处置安全的目标。

432. 无废城市建设的基本原则是什么？

（1）坚持问题导向，注重创新驱动。着力解决当前固体废物产生量大、利用不畅、非法转移倾倒、处置设施选址难等突出问题，统筹解决本地实际问题与共性难题，加快制度、机制和模式创新，推动实现重点突破与整体创新，促进形成"无废城市"建设长效机制。

（2）坚持因地制宜，注重分类施策。试点城市根据区域产业结构、发展阶段，重点识别主要固体废物在产生、收集、转移、利用、处置等过程中的薄弱点和关键环节，紧密结合本地实际，明确目标，细化任务，完善措施，精准发力，持续提升城市固体废物减量化、资源化、无害化水平。

（3）坚持系统集成，注重协同联动。围绕"无废城市"建设目标，系统集成固体废物领域相关试点示范经验做法。坚持政府引导和市场主导相结合，提升固体废物综合管理水平与推进供给侧结构性改革相衔接，推动实现生产、流通、消费各环节绿色化、循环化。

（4）坚持理念先行，倡导全民参与。全面增强生态文明意识，将绿色低碳循环发展作为"无废城市"建设重要理念，推动形成简约适度、绿色低碳、文明健康的生活方式和消费模式。强化企业自我约束，杜绝资源浪费，提高资源利用效率。充分发挥社会组织和公众监督作用，形成全社会共同参与的良好氛围。

三、社会

433. 什么是低碳社会?

低碳社会是通过创建低碳生活，发展低碳经济，培养可持续发展、绿色环保、文明的低碳文化理念，形成具有低碳消费意识的"橄榄形"公平社会。

434. 低碳社会建设的立足点是什么?

（1）创新。创新是实现低碳社会的根本选择，不仅包含技术的创新，也包括管理模式上的创新。

（2）协同利益。倡导协同利益就是要团结社会各团体力量，有效地整合各界利益，共同为建设低碳社会出力。

（3）可持续性。这是低碳社会的落脚点，低碳社会是一种人类社会发展的全新理念，与可持续发展的理念不谋而合，实现可持续发展包括制定长期远景、避免路径效应和修正市民偏好。

435. 低碳社会建设的方法途径是什么?

（1）政府引导。一是制定中长期减排目标达成愿景；二是大力推进金融创新，发展环境金融。

（2）企业加强技术创新，开发低碳技术。

（3）科研院所—理论创新和技术突破的中坚。研究机构在其中要突出两点：一要进行理论创新，对低碳社会进行全方位的研究，理论创新要先于实践创新。二要进行技术创新，研制新的技术以代替现有的技术。

（4）新闻媒体积极宣传，培养公民碳意识。

（5）公民转变行为方式，践行低碳生活，实行可持续的消费模式。

436. 什么是绿色学校?

绿色学校是在实现其基本教育功能的基础上，以可持续发展思想为指导，在全面日常管理工作中纳入有益于环境的管理措施，充分利用校内外一切资源和机会全面提高师生环境素养的学校。

437. 什么是绿色社区？

绿色社区是指将绿色发展理念贯穿社区设计、建设、管理和服务等活动的全过程，提倡简约适度、绿色低碳的方式，推进社区人居环境建设和整治，不断满足人民群众对美好环境与幸福生活的向往。

438. 什么是低碳社区？

低碳社区是指通过构建气候友好的自然环境、房屋建筑、基础设施、生活方式和管理模式，降低能源资源消耗，实现低碳排放的城乡社区。

439. 什么是零碳社区？

零碳社区是指在社区内发展绿色建筑，创新低碳技术，倡导绿色生活，构建高效、节能、循环利用的体系，通过碳减排和碳中和措施，在社区的建造、改造、运营的各个阶段实现区域内二氧化碳净排放量小于或者等于零的社区。

440. 什么是循环经济？

循环经济是一种以资源的高效利用和循环利用为核心，以"减量化、再利用、资源化"为原则，以低消耗、低排放、高效率为基本特征，符合可持续发展理念的经济增长模式，是对"大量生产、大量消费、大量废弃"的传统增长模式的根本变革。从长远来看，循环经济本质上是一种生态经济，是可持续发展理念的具体体现和实现途径。循环经济不是单纯的经济问题，也不是单纯的技术问题和环保问题，而是强调社会经济系统与自然生态系统和谐共生，是集经济、技术和社会于一体的系统工程。

441. 如何发展循环经济？循环经济立法体现在哪些方面？

发展循环经济的主要途径，从资源流动的组织层面来看，主要是从企业小循环、区域中循环和社会大循环三个层面来展开；从资源利用的技术层面来看，主要是从资源的高效利用、循环利用和废弃物的无害化处理三条技术路径去实现。

中国的循环经济立法主要体现在两个基本法律，即：2003 年 1 月 1 日起实施的《清洁生产促进法》；2009 年 1 月 1 日起实施的《循环经济促进法》。

442. 什么是低碳经济?

低碳经济是指在可持续发展理念的指导下，通过技术创新、制度创新、产业转型、新能源开发等多种手段，尽可能地减少煤炭石油等高碳能源消耗，减少温室气体排放，达到经济社会发展与生态环境保护双赢的一种经济发展形态。

443. 什么是低碳政治?

狭义来讲，低碳政治就是指政府体制要讲究高效简洁。政府不会有高碳耗能的表面工程，不会有文山会海、迎来送往、上下应酬等不必要的高碳耗能行为。广义来讲，低碳政治是讲究以人为本，谋求自然主义与人道主义相统一、反对极端人类中心主义和极端生态中心主义，追求可持续发展和公平公正的政治。

444. 什么是低碳文化?

低碳文化就是认识到人是自然系统的一部分，也是具有特殊能动性的部分。在今后的发展中，要摒弃与天争利的观念，追求人与自然的和谐共处。具体来讲就要热爱自然，尊重自然，珍惜自然，敬畏生命，追求高效简洁的生活方式，用最小的社会成本获得最大化的社会与个人收益。

445. 推进碳中和目标会影响社会经济发展吗?

碳中和目标确实会对部分传统的高碳行业带来一定的不利影响。但碳中和并非一蹴而就，而是一个不断的转型过程。在这一过程中，不适应新发展需求的高碳行业将会有序退出，也就因此拥有相对充分的缓冲时间。除此之外，并非所有的高碳行业和产品都会消失，如气电、煤电将在提供系统的灵活性上找到其生存空间。

碳中和目标也将为高质量转型发展提供助力，倒逼产业升级，促进绿色创新，并创造一批新兴产业。比如太阳能发电、风电、光伏发电 12 亿千瓦以上装机目标，将很大程度上促进可再生能源产业的发展，分布式能源、储能、氢能、电动汽车、自动驾驶、能源互联网等新兴产业也将在碳中和的愿景下展现出巨大的发展潜力。

据国际劳工组织 2018 年的报告，到 2030 年，清洁能源、绿色金融、电动汽车等创新性新兴产业将为全球创造 2400 万个就业机会，而同期石油开采、煤炭等高碳产业失去的工作岗位仅 600 万个。许多人担忧应对气候变化可能会影响和阻碍经济发展，但碳达峰碳中和的战略并不是就气候谈气候、就低碳谈低碳，实际上是一个经济社会发展的综合战略。

446. 实现碳中和要靠政府包办一切吗?

中国实行的自上而下的碳减排方案并不意味着政府包办一切。一方面,许多地方政府还未摸清碳排放底数,不少地区对于碳达峰碳中和战略到底如何落实依然较为迷茫。再有,国际经验表明,引导包括居民在内的全社会成员形成绿色的生产、生活方式,对落实碳达峰碳中和目标具有重要作用,而中国对于全社会需求侧的源头引导和管理还存在较大政策空白。因此,如何通过各种创新来引导全社会形成碳中和的氛围与合力,是实现碳达峰碳中和目标的重要举措。

447. 如何夯实碳达峰碳中和工作的基础能力?

(1)通过完善碳达峰碳中和高等教育体系,建立科技创新人才培养体系,壮大高水平技术技能人才队伍等方式加强人才队伍建设;

(2)通过加快构建统一规范的碳排放统计核算体系,健全碳达峰碳中和标准体系,建立健全碳计量体系等方式强化数据标准支撑;

(3)通过认真履行国际义务,积极参加国际谈判,开展多层次国际交流合作,推动境外投资和对外贸易绿色发展,讲好中国绿色发展故事等方式提高对外合作交流水平。

448. 如何加强碳达峰碳中和人才队伍培养建设?

(1)优化学科专业布局。碳减排领域相关学科专业的建设具有必要性和紧迫性,高校需要立足于自身学科优势,结合大环境人才需求,找好切入点,用碳达峰碳中和引领学科改革与建设,培育新兴学科方向,优化学科专业布局,加大人才培养专业度和广度,构建多元化的人才培养体系。

(2)构建碳减排领域科技创新体系。碳减排领域战略目标的实现路径与制度安排涉及多种学科和理论,要根植于中国社会经济发展现状,重点攻克碳中和领域的重点问题与难点问题,加强科研攻关进度。同时,要建立起灵活的人才机制,组建交叉创新团队,构建与经济社会发展需求、产业行业对接的协同联动机制,开展政产学研用深度合作,保证人才培养的实用性和可靠性。

(3)构筑碳减排领域人才培养机制。系统推进一流本科教育和高质量研究生教育,为碳中和领域的发展储备高素质的人才,打造国际化创新性复合人才。根据高校自身情况,整合优势教学资源,以资源、环境和能源相关专业为依托,成立低碳经济学院、碳中和未来技术学院等。做好碳中和相关教材建设,构建系统性的碳减排领域人才培养机制,充分利用高校学科、师资优势开展教育培训,为各类市场主体低碳专业从业人员提供服务。

（4）提高专业人才的专业性、创新性和实践性。实现碳达峰碳中和目标面临的任务具有复杂性强、覆盖面广等特点，因此对人才的专业性、创新性和实践性都有很高的要求。未来应结合国家碳达峰碳中和目标和各区域的经济社会发展现状和规划，加快研究因地制宜的碳达峰碳中和专业人才培养模式和体系，具体可从顶层设计、科学路径和集成共享等三个方面入手。

（5）完善碳达峰碳中和专业人才培养的顶层设计。碳达峰碳中和目标的实现触及多领域多行业主体的利益，利益的冲突与协调需要法治手段和行政管理的刚性约束，也需要财政政策的有效激励。要立足现有碳达峰碳中和专业人才培养的关键瓶颈，从立法、行政、财政等多个方面研究完善碳达峰碳中和专业人才培养的激励约束机制。尤其重要的是，气候变化立法是推动碳达峰碳中和目标实现的基础。立法可以固化本国或本区域采取应对气候变化减缓、适应、保障方面的措施，也为开展监督管理、宣传教育、国际合作、纠纷解决等活动提供法律依据，是推动碳达峰碳中和专业人才培养的根本。

（6）明确碳达峰碳中和专业人才培养的科学路径。碳达峰碳中和目标的实现涉及经济产业转型、资源能源利用、生态环境保护、国土空间开发、城乡规划建设等诸多领域，因地制宜地明确不同区域对碳达峰碳中和专业人才的需求，科学合理设计人才培养路径是关键。碳达峰碳中和专业人才培养是一个科学过程，必须尊重人才成长规律。例如，人才成长需要一定的周期，人才能够发挥作用也需要特定的外部环境和真实场景。基于国内外碳达峰碳中和专业人才培养理论和实践案例，利用实地调研、深度访谈、多维对标、模型分析等综合性方法，识别中国碳达峰碳中和专业人才培养中的难点痛点，探索符合国情的碳达峰碳中和专业人才培养科学路径，是推动碳达峰碳中和专业人才数量和质量同步快速发展的核心。

（7）推动碳达峰碳中和专业人才培养资源的集成共享。《巴黎协定》的通过使全球合作应对气候变化成为国际共识，碳达峰碳中和专业人才培养应立足国情和全球科技前沿，逐步形成兼具中国特色和国际共性的碳达峰碳中和专业人才培养资源综合平台。通过加强国内外科研院校与政府、企业、协会多方合作交流，通过科教融合、产教融合、学科交叉融合实现优质资源集成共享，从专业人才培养方案、教材手册、师资队伍、硬件设施、数据整合、实践案例等多个方面推动碳达峰碳中和专业人才培养资源的集成和有效共享，是汇聚全球智慧应对气候变化，实现中国碳达峰碳中和目标的保障。

四、生活

449. 什么碳足迹、个人碳足迹和家庭碳足迹？

碳足迹（Carbon Footprint）的概念起源于哥伦比亚大学提出的"生态足迹"。是指在人类生产和消费活动中所排放的与气候变化相关的气体总量，相对于其他碳排放研究的区别，碳足迹是从生命周期的角度出发，分析产品生命周期或与活动直接和间接相关的碳排放过程。

个人碳足迹是指一个人在固定时期（通常一年）内产生的碳排放。

家庭碳足迹是指整个家庭为单位计算固定时期内产生的碳排放。

450. 碳足迹的计算方法有哪些？

（1）生命周期评估（LCA）法。这是一种自下到上的计算方法，是对产品及其"从开始到结束"的过程计算方法，计算过程比较详细准确。

（2）通过所使用的能源矿物燃料排放量计算（IPCC）。IPCC是联合国气候变化委员会编写的温室气体清单指南，其在计算过程中全面考虑了温室气体的排放。

（3）投入产出法（IO）。这是一种自上到下的计算方法，利用投入产出进行计算，计算结果不是很精确。

（4）Kaya碳排放恒等式。是通过一种简单的数学公式将经济、政策和人口等因子与人类活动产生的二氧化碳建立起联系。

451. 个人日常生活碳排放怎么计算？

中国用户可借助以下工具计算个人日常生活碳排放：

①华证指数个人碳足迹估算计算器：

手机微信小程序搜索"华证指数个人碳足迹估算计算器"。

②凯来美碳足迹计算器：

手机微信小程序搜索"凯来美碳足迹计算器"。

③碳足迹计算器：

http://www.dotree.com/CarbonFootprint/。

452. 什么是低碳生活?

低碳生活（Low Carbon Living）是指在生活中减少所消耗的能量以及二氧化碳的排放量，从而减少对大气的污染，减缓生态恶化。

453. 低碳生活是不是意味着降低生活水平?

全面实现低碳生活与提高生活水平并不冲突，它们的共同目的都是为了更好地改善人们的生存环境，关键是要探索一种低碳的可持续的消费模式，在维持高标准生活的同时尽量减少使用高耗能产品、降低二氧化碳等温室气体排放。低碳生活是一种经济、健康、幸福的生活方式，它不会降低人们的幸福指数，相反会使生活更加幸福。

454. 低碳是不是意味着不吃肉蛋奶?

在坚持合理饮食，确保营养均衡的前提下，少吃肉（尤其是牛肉）确实有助于减排。联合国粮食及农业组织的一项评估表明，畜牧业对全球温室气体排放的贡献超过了运输。每克蛋白质中牛肉和羊肉的温室气体排放量是豆类的 250 倍，猪肉和家禽的温室气体排放量是豆类的 40 倍。不同饮食结构的人群产生的碳排放数据如下：

①喜欢吃肉的人：3.3 吨二氧化碳 / 年 / 人；

②一般人：2.5 吨二氧化碳 / 年 / 人；

③不吃牛肉的人：1.9 吨二氧化碳 / 年 / 人；

④蛋奶素食者：1.7 吨二氧化碳 / 年 / 人；

⑤纯素食：1.5 吨二氧化碳 / 年 / 人。

455. 社会公众可以为碳达峰碳中和目标做些什么?

（1）应该加强对碳达峰碳中和目标的认知和意识，并自觉与日常生活联系起来；

（2）应该努力获取信息，了解自己的直接和间接排放，了解所购买产品的能耗和排放信息；

（3）基于信息做出更好的消费选择，包括避免不必要的消费，转变消费的方式，必需的消费要尽可能降低消费产生的碳排放和环境影响；

（4）要准备好为高质量低排放的产品付出更高的价格；

（5）要积极宣传，帮助他人提高减排意识并做出更好的选择。

456. 饮食结构调整与应对气候变化有关系吗？

饮食结构导致的碳排放不仅来源于农业生产部门，还包括农业生产所需的物质投入隐含的碳排放和食品加工、运输、仓储等环节带来的直接和间接排放。

联合国粮食及农业组织（Food and Agriculture Organization of the United Nations, FAO）测算，可供人类食用的所有食物中有三分之一被"浪费"掉了（浪费是指适合人类食用却未食用的食物）。如果将食物损失和浪费问题视为一个国家的话，它是全球第三大温室气体排放国。所以，饮食结构的调整与应对气候变化息息相关。

457. 不同交通方式的碳排放量是多少？

（1）飞机：排放极高（长途飞机旅行 1000 公里以上的二氧化碳排放量 = 公里数 ×0.139）。

（2）私家车：一辆小轿车，一天的二氧化碳排放量约为油耗数的 2.7 倍，车开得多与少会差很多。

（3）地铁：人均排放量很低（主要影响因素是耗电量和电网排放因子，不同电网的因子不同）。

（4）高铁：高铁的碳排放量分别仅为飞机和汽车的 15%—25%，可大大降低对环境的影响。

（5）轮船：不同型号差异较大，但整体而言仅占公路运输的 10%。

（6）步行和骑行：零排放。

458. 电动车取代燃油车可以有效助力碳中和吗？

部分观点认为以电动车取代燃油车可以有效降低碳排放。但事实上电动车与燃油车之争在一百年前就已经开始了。如果能源结构不改变，那电动车是在增加碳排放，而不是减少碳排放。只有能源结构和电网里大部分是可再生能源构成的时候，电动车才能算得上清洁能源。

459. 垃圾分类对减排低碳有什么贡献？

通过提升垃圾分类回收再利用率，提高资源利用率，可降低这些资源生产过程中的二氧化碳排放和其他环境污染。比如，每回收 1 吨废纸可造好纸 850 公斤，节省木材 300 公斤，比等量生产减少污染 74%；每回收 1 吨塑料饮料瓶可获得 0.7 吨二级原料。另外，厨余垃圾可以作为清洁能源的燃料，一般生活垃圾可以用作燃烧发电，对垃圾的充分回收利用对于减排的意义重大。

460. 日常生活中怎么做才是低碳生活方式?

（1）尽可能购买电动汽车;

（2）尽可能多使用公共交通出行;

（3）多骑行和步行;

（4）尽可能乘坐高铁而非飞机;

（5）在保证健康的前提下少吃肉，尤其是进口肉;

（6）多吃本地供应的食物（可减少运输碳排放）;

（7）采购有机食物;

（8）减少食物浪费;

（9）避免过度使用一次性餐具;

（10）如果有条件可以加装太阳能光伏家庭发电系统;

（11）家电采用最节能的型号;

（12）安装智能家居自动控制能耗;

（13）不使用台式电脑，使用笔记本电脑;

（14）积极参与垃圾分类;

（15）避免衣裤鞋袜的过度消费和浪费;

（16）减少使用一次性购物塑料袋;

（17）多淘二手市场;

（18）积极宣传和践行碳中和。

461. 中国人民的绿色生活方式有没有形成?

中国人民的绿色生活方式正在逐步形成。"绿水青山就是金山银山"的重要理念深入人心，简约适度、绿色低碳、文明健康的生活方式正在成为更多人的自觉选择。以机关、家庭、学校、社区、出行、商场、建筑等为重点，全面推进绿色生活创建行动。因地制宜推行生活垃圾分类，扎实推进塑料污染全链条治理、节约粮食反对浪费行动。城市公共交通日出行量超过2亿人次，骑行、步行等城市慢行系统建设稳步推进，绿色低碳出行理念深入人心。2021年，新能源汽车产销量均超过350万辆，销量连续7年位居世界第一。

第八部分　国际篇

462. 什么是联合国气候变化大会？

联合国气候变化大会（United Nations Climate Change Conference，UNCCC）是联合国主办的全球规模最大、最重要的气候相关年度会议，于 1995 年起每年在世界不同地区轮换举行。截至 2022 年 11 月已成功举办了 27 届。1992 年，联合国在巴西里约热内卢地球问题首脑会议上通过了《联合国气候变化框架公约》，并成立该公约的协调机构，即如今的公约秘书处。公约中，各国同意"稳定大气中的温室气体浓度，以防止人类活动对气候系统造成危险的干扰"。目前该条约有 197 个缔约方。自 1994 年公约生效以来，联合国每年都会召集全球几乎所有的国家参加气候变化大会。大会期间，各国就原始公约的各种延伸进行谈判，以确立具有法律约束力的排放限制。例如，在 1997 年《京都议定书》和 2015 年《巴黎协定》中，世界各国同意加紧努力，将全球升温限制在比工业化前水平高 1.5℃ 以内，并促进气候行动融资。

463. 什么是 COP？

COP（Conference of the Parties），即缔约方会议，是世界上规模最大的国际会议之一。COP 大会共有 197 个缔约方，即《联合国气候变化框架公约》的签署方。《公约》于 1994 年 3 月 21 日生效后，缔约方大会每年召开一次，讨论气候变化和各国的应对方案、承诺和行动。

464. 历届气候大会有什么成就？

（1）COP1 德国柏林：通过工业化国家和发展中国家《共同履行公约的决定》。1995 年《联合国气候变化框架公约》第一次缔约方会议在德国柏林举行。会议决定成立一个工作小组，就减少全球温室气体排放量继续进行谈判，在两年内草拟一项对缔约方有约束力的保护气候议定书。会议通过了工业化国家和发展中国家《共同履行公约的决定》，要求工业化国家和发展中国家尽可能开展最广泛的合作，以减少全球温室气体排放量。

（2）COP2 瑞士日内瓦：争取通过法律减少工业化国家温室气体排放量。1996 年《联合国气候变化框架公约》第二次缔约方会议在瑞士日内瓦举行。各国就共同履行公约内容进行讨论，会议呼吁各国加速谈判，争取在 1997 年 12 月前缔结一项有约束力的法律文件，减少 2000 年以后工业化国家温室气体的排放量。

（3）COP3 日本东京：通过《京都议定书》。1997 年《联合国气候变化框架公约》第三次缔约方会议在日本东京举行，通过了《京都议定书》。但是，《京都议定书》通过后还需要各国签署，只有在不少于 55 个参与国签署该条约并且这些签约国温室气体排放量达到附件 1 中规定国家（即需减排的国家）在 1990 年总排放量的 55% 后的第 90 天才能生效。条约最终于 2005 年 2 月 16 日开始强制生效。

（4）COP4 阿根廷布宜诺斯艾利斯：制定落实《京都议定书》的工作计划。1998 年《联合国气候变化框架公约》第四次缔约方会议在阿根廷首都布宜诺斯艾利斯举行。会议决定进一步采取措施，促使上次会议通过的《京都议定书》早日生效，同时制定了落实议定书的工作计划。发展中国家分化为 3 个集团，一个是易受气候变化影响，自身排放量很小的小岛国联盟，他们自愿承担减排目标；二是期待清洁发展机制（CDM）的国家，期望以此获取外汇收入；三是中国和印度，坚持目前不承诺减排义务。

（5）COP5 德国波恩：通过《京都议定书》时间表。1999 年《联合国气候变化框架公约》第五次缔约方会议在德国波恩举行。会议通过了商定《京都议定书》有关细节的时间表。

（6）COP6 荷兰海牙：未达成预期协议。2000 年《联合国气候变化框架公约》第六次缔约方会议在荷兰海牙举行。会议无法达成预期的协议，只得中断会议给与会各方更多时间继续商讨谈判，以争取在复会后能够最终达成应对全球变暖具体措施的议定书。

大会期间，美国坚持要大幅度减少它的减排指标，会议因此陷入僵局，大会主办者不得不宣布会议延期。2001 年 3 月，美国政府正式宣布退出《京都议定书》，理由是议定书不符合美国的国家利益。

（7）COP7 摩洛哥马拉喀什：通过《马拉喀什协定》。2001 年《联合国气候变化框架公约》第七次缔约方会议在摩洛哥马拉喀什举行，通过了《马拉喀什协定》。尽管该协定内容现在看来并无太大突破性，但在美国退出《京都议定书》的情况下，协定稳定了国际社会对应对气候变化行动的信心。会议结束了波恩政治协议的技术性谈判，从而朝着具体落实《京都议定书》迈出了关键的一步。

（8）COP8 印度新德里：通过《德里宣言》。2002 年《联合国气候变化框架公约》第八次缔约方会议在印度新德里举行。会议通过了《德里宣言》，强调应对气候变化必须在可持续发展的框架内进行，明确指出了应对气候变化的正确途径。

宣言强烈呼吁尚未批准《京都议定书》的国家批准该议定书。会议在发展中国家的要求下，敦促发达国家履行《联合国气候变化框架公约》所规定的义务，在技术转让和提高应对气候变化能力方面为发展中国家提供有效的帮助。

（9）COP9 意大利米兰：成果有限。2003 年《联合国气候变化框架公约》第九次缔约方会议在意大利米兰举行。

会议取得的成果十分有限，在推动《京都议定书》尽早生效并付诸实施方面未能取得实质性进展，甚至没有发表宣言或声明之类的最后文件，有关气候变化领域内的技术转让等核心问题也推迟到下次大会继续磋商。

（10）COP10 阿根廷布宜诺斯艾利斯：成效甚微。2004 年《联合国气候变化框架公约》第十次缔约方会议在阿根廷首都布宜诺斯艾利斯举行。会议同前几次相比成效甚微，在几个关键议程上的谈判进展不大，而这些议程主要涉及国际社会为应对全球气候变化而做的具体工作。其中，资金机制的谈判最为艰难。

（11）COP11 加拿大蒙特利尔：通过双轨路线的蒙特利尔路线图。2005 年《联合国气候变化框架公约》第十一次缔约方会议在加拿大蒙特利尔举行，通过了双轨路线的蒙特利尔路线图：在《京都议定书》框架下，157 个缔约方将启动《京都议定书》2012 年后发达国家温室气体减排责任谈判进程；在联合国《联合国气候变化框架公约》基础上，189 个缔约方也同时就探讨控制全球变暖的长期战略展开对话，以确定应对气候变化所必须采取的行动。

（12）COP12 肯尼亚内罗毕：达成内罗毕工作计划。2006 年《联合国气候变化框架公约》第十二次缔约方会议暨《京都议定书》缔约方第二次会议在肯尼亚首都内罗毕举行。这次大会取得了两项重要成果：一是达成包括内罗毕工作计划在内的几十项决定，以帮助发展中国家提高应对气候变化的能力；二是在管理适应基金的问题上取得一致，基金将用于支持发展中国家具体的适应气候变化活动。

（13）COP13 印度尼西亚巴厘岛：通过巴厘岛路线图。2007 年《联合国气候变化框架公约》第十三次缔约方会议暨《京都议定书》缔约方第三次会议在印度尼西亚巴厘岛举行，通过了里程碑式的巴厘岛路线图：在 2005 年蒙特利尔会议的基础上，进一步确认了《气候变化框架公约》和《京都议定书》下的双轨谈判进程，并决定于 2009 年在丹麦哥本哈根举行的气候公约第 15 次缔约方会议上通过一份新的议定书，即 2012—2020 年的全球减排协议，以代替 2012 年到期的《京都议定书》。

按照双轨制要求，一方面，签署《京都议定书》的发达国家要执行其规定，承诺 2012 年以后的大幅度量化减排指标。另一方面，发展中国家和未签署《京都议定书》的发达国家则要在《联合国气候变化框架公约》下采取进一步应对气候变化的措施。

（14）COP14 波兰波兹南：正式启动 2009 年气候谈判进程。2008 年《联合国气候变化框架公约》第十四次缔约方会议暨《京都议定书》第四次缔约方会议在波兰波兹南举行。会议总结了巴厘路线图一年来的进程，正式启动 2009 年气候谈判进程，同时决定启动帮助发展中国家应对气候变化的适应基金。里约集团领导人就温室气体长期减排目标达成一致，并声明寻求与《联合国气候变化框架公约》其他缔约国共同实现到 2050 年将全球温室气体排放量减少至少一半的长期目标。

（15）COP15 丹麦哥本哈根：发表《哥本哈根协议》。2009 年《联合国气候变化框架公约》第十五次缔约方会议暨《京都议定书》第五次缔约方会议在丹麦首都哥本哈根举行。大会发表了《哥本哈根协议》，决定延续巴厘路线图的谈判进程，授权《联合国气候变化框架公约》及《京都议定书》两个工作组继续进行谈判，并在 2010 年底完成工作。

尽管《哥本哈根协议》是一项不具法律约束力的政治协议，但它表达了各方共同应对气候变化的政治意愿，锁定了已达成的共识和谈判取得的成果，推动谈判向正确方向迈出了第一步。同时提出建立帮助发展中国家减缓和适应气候变化的绿色气候基金。

（16）COP16 墨西哥坎昆：确保 2011 年谈判按照巴厘路线图的双轨方式进行。2010 年《联合国气候变化框架公约》第十六次缔约方会议暨《京都议定书》第六次缔约方会议在墨西哥海滨城市坎昆举行。本次会议坚持了《联合国气候变化框架公约》《京都议定书》和巴厘路线图，坚持了共同但有区别的责任原则，确保了 2011 年的谈判继续按照巴厘路线图确定的双轨方式进行；二是就适应、技术转让、资金和能力建设等发展中国家所关心问题的谈判取得了不同程度的进展，谈判进程继续向前，向国际社会发出了比较积极的信号。

（17）COP17 南非德班：实施《京都议定书》第二承诺期并启动绿色气候基金。2011 年《联合国气候变化框架公约》第十七次缔约方会议暨《京都议定书》第七次缔约方会议在南非德班举行。与会方同意延长 5 年《京都议定书》的法律效力（原议定书于 2012 年失效），就实施《京都议定书》第二承诺期并启动绿色气候基金达成一致。大会同时决定建立德班增强行动平台特设工作组，即德班平台，在 2015 年前负责制定一个适用于所有《公约》缔约方的法律工具或法律成果。

大会决定实施《京都议定书》第二承诺期并启动绿色气候基金。对于绿色气候基金，大会确定基金为《联合国气候变化框架公约》下金融机制的操作实体，成立基金董事会，并要求董事会尽快使基金可操作化。在德班大会期间，加拿大宣布正式退出《京都议定书》。

（18）COP18 卡塔尔多哈：通过《多哈修正》。2012 年《联合国气候变化框架公约》第十八次缔约方会议暨《京都议定书》第八次缔约方会议在卡塔尔多哈举行，通过了《多哈修正》：最终就 2013 年起执行《京都议定书》第二承诺期及第二承诺期以 8 年为期限达成一致，从法律上确保了《议定书》第二承诺期在 2013 年实施。加拿大、日本、新西兰及俄罗斯明确不参加第二承诺期。

大会通过了有关长期气候资金、联合国《气候变化框架公约》长期合作工作组成果、德班平台以及损失损害补偿机制等方面的多项决议。

（19）COP19 波兰华沙：发达国家再次承认应出资支持发展中国家应对气候变化。2013 年《联合国气候变化框架公约》第十九次缔约方会议暨《京都议定书》第九次缔约方会议在波兰首都华沙举行。本次会议主要取得三项成果：一是德班增强行动平台基本体现共同但有区别的原则；二是发达国家再次承认应出资支持发展中国家应对气候变化；三是就损失损害补偿机制问题达成初步协议，同意开启有关谈判。

（20）COP20 秘鲁利马：就 2015 年巴黎大会协议草案的要素基本达成一致。2014 年《联合国气候变化框架公约》第二十次缔约方会议暨《京都议定书》第十次缔约方会议在秘鲁首都利马举行，大会通过的最终决议就 2015 年巴黎气候大会协议草案的要素基本达成一致，为各方进一步起草并提出协议草案奠定了基础。

（21）COP21 法国巴黎：各国达成协议努力将升温控制在 1.5℃。2015 年《联合国气候变化框架公约》第二十一次缔约方会议在法国巴黎举行。196 个缔约方一致同意通过了于 2016 年生效的《巴黎协定》。《巴黎协定》是《联合国气候变化框架公约》下继《京都议定书》后第二份有法律约束力的气候协议，为 2020 年后全球应对气候变化行动作出安排，对全球应对气候变化有着重要意义。《巴黎协定》长期目标是将全球平均气温较前工业化时期上升幅度控制在 2℃ 以内，并努力将温度上升幅度限制在 1.5℃ 以内。

《巴黎协定》规定所有国家应每五年审查一次其对减少温室气体排放的贡献。缔约双方承诺尽快达到全球温室气体排放峰值，以便在本世纪下半叶实现排放量与清除量之间的平衡。还要求各国加紧努力，减少温室气体排放。从 2020 年起，每年需要筹集 1000 亿美元的公共和私人资源，以资助使各国能够适应气候变化影响（海平面上升，干旱等）或减少温室气体排放的项目。这笔资金应逐步增加，一些发展中国家也可自愿成为捐助者，帮助最贫穷的国家。这是全球气候变化行动的历史性转折点，将推动世界迈向零碳、具有气候韧性、繁荣和公平的未来。虽然协定本身并不足以解决问题，但却将清晰地指引我们向真正的全球解决方案前进。

（22）COP22 摩洛哥马拉喀什：推进为实现巴黎协定的目标的必要进程和结构。2016 年《联合国气候变化框架公约》第二十二次缔约方会议在摩洛哥马拉喀什举行。

此次大会聚焦于讨论如何以实际行动落实巴黎协定，包括近200个国家的自愿减碳作为。

（23）COP23 德国波恩：讨论如何落实在2015年签署的《巴黎协定》。2017年《联合国气候变化框架公约》第二十三次缔约方会议在德国波恩举行。按照《巴黎协定》的要求，为2018年完成《巴黎协定》实施细则的谈判奠定基础，同时确认2018年进行的促进性对话。

（24）COP24 波兰卡托维兹：达成了《巴黎协定》的实施细则。2018年《联合国气候变化框架公约》第二十四次缔约方会议在波兰卡托维兹举行。各缔约方达成了《巴黎协定》的实施细则，为落实《协定》提供了指引。名为卡托维兹气候一揽子计划的文件将促进应对气候变化的国际合作，也稳固了各国在国内层面开展更有力的气候行动的信心。尽管确定了巴黎规则手册的大部分内容，但各国未能就自愿市场机制的规则达成一致。

（25）COP25 西班牙马德里：就采取气候行动的紧迫性达成共识。2019年《联合国气候变化框架公约》第二十五次缔约方会议在西班牙马德里举行。大会就采取气候行动的紧迫性达成共识，但各国未能就一些重要领域达成一致。欧盟出台了新计划，致力于2050年实现碳净零排放目标。很多排放量较小的国家也制定了类似的长期目标，但除欧盟外的其他主要碳排放国却在减排行动上有所迟疑，止步不前。

（26）COP26 英国格拉斯哥：达成《格拉斯哥气候公约》。2021年《联合国气候变化框架公约》第二十六次缔约方会议在英国格拉斯哥举行。COP26在当地时间11月13日晚达成《格拉斯哥气候公约》。《格拉斯哥气候公约》首次明确表述减少使用煤炭的计划，并承诺为发展中国家提供更多资金帮助它们适应气候变化。与会各国同意2022年底提交更雄心勃勃的碳减排目标及更高的气候融资承诺，定期审评减排计划，增加对发展中国家的财政援助。

会议期间，百余国代表就减少甲烷排放、停止森林砍伐达成协议，部分国家就停止使用煤炭作出承诺，掌控着130万亿美元资产的450家金融机构声明支持清洁技术和能源转型。

（27）COP27 埃及沙姆沙伊赫：设立"损失及损害"赔偿基金。2022年《联合国气候变化框架公约》第二十七次缔约方会议在埃及的沙姆沙伊赫举行。COP27成果体现了包括共同但有区别的责任原则在内的《联合国气候变化框架公约》和《巴黎协定》的制度原则，就减缓、适应等《巴黎协定》履约重点议题作出了进一步安排，有助于《巴黎协定》全面有效实施。会议于11月20日达成一项突破性协议，为遭受气候灾害重创的脆弱国家提供"损失和损害"（Loss and Damage）资金，有力回应了发展中国家的迫切诉求。

465. 什么是联合国政府间气候变化专门委员会（IPCC）？

联合国政府间气候变化专门委员会（Intergovernmental Panel on Climate Change，IPCC）是世界气象组织、联合国环境规划署于1988年联合建立的政府间机构。其主要任务是对气候变化科学知识的现状，气候变化对社会、经济的潜在影响以及如何适应和减缓气候变化的可能对策进行评估。

466. 联合国环境规划署（UNEP）是什么机构？

联合国环境规划署（United Nations Environment Programme，UNEP）是联合国系统内负责全球环境事务的牵头部门和权威机构，环境署激发、提倡、教育和促进全球资源的合理利用并推动全球环境的可持续发展。

1972年12月15日，联合国大会作出建立环境规划署的决议。1973年1月，作为联合国统筹全世界环保工作的组织，联合国环境规划署正式成立。环境规划署的临时总部设在瑞士日内瓦，后于同年10月迁至肯尼亚首都内罗毕。环境规划署是一个业务性的辅助机构，它每年通过联合国经济和社会理事会向大会报告自己的活动。

联合国环境规划署的使命是：激发、推动和促进各国及其人民在不损害子孙后代生活质量的前提下提高自身生活质量，领导并推动各国建立保护环境的伙伴关系。

联合国环境规划署的任务是：作为全球环境的权威代言人行事，帮助各政府设定全球环境议程，以及促进在联合国系统内协调一致地实施可持续发展的环境层面。

联合国环境规划署的宗旨是：促进环境领域内的国际合作，并提出政策建议；在联合国系统内提供指导和协调环境规划总政策，并审查规划的定期报告；审查世界环境状况，以确保可能出现的具有广泛国际影响的环境问题得到各国政府的适当考虑；经常审查国家和国际环境政策和措施对发展中国家带来的影响和费用增加的问题；促进环境知识的取得和情报的交流。

联合国环境规划署的主要职责是：贯彻执行环境规划理事会的各项决定；根据理事会的政策指导提出联合国环境活动的中、远期规划；制订、执行和协调各项环境方案的活动计划；向理事会提出审议的事项以及有关环境的报告；管理环境基金；就环境规划向联合国系统内的各政府机构提供咨询意见等。

467. 什么是联合国 CDM 执行理事会（EB）？

CDM，即清洁发展机制（Clean Development Mechanism）的简称，是《京都议定

书》中引入的发达国家和发展中国家之间基于项目合作进行的温室气体减排机制。执行理事会是 CDM 项目的主要管理机构。其主要义务有：定义基准线方法和监测计划、推荐和委派经营实体、定义小规模 CDM 项目的简化规则、签发核证减排量等。

根据《京都议定书》的第 12 条，执行理事会负责监管 CDM 的实施，并对成员国大会负责。执行理事会由 10 个专家组成，其中 5 个专家分别代表 5 个联合国官方区域（非洲、亚洲、拉丁美洲、加勒比海地区、中东欧、经济合作与发展组织（OECD）国家），1 个专家来自小岛国组织，2 个专家来自议定书附件 I 国家，2 个专家来自非附件 I 国家，决议的通过要有四分之三的成员的同意。执行理事会在 2001 年 11 月马拉喀什政治谈判期间召开了首次会议，这标志着 CDM 的正式启动。

468. 国际气候谈判进程包括哪几个阶段？

1990 年国际气候谈判拉开帷幕，1992 年签署《联合国气候变化框架公约》，公约于 1994 年生效。

第一阶段：1995—2005 年，是《京都议定书》谈判、签署、生效阶段。《京都议定书》是《联合国气候变化框架公约》通过后的第一个阶段性执行协议。

第二阶段：2007—2010 年，谈判确立了 2013—2020 年国际气候制度。

第三阶段：2011—2015 年，谈判达成《巴黎协定》，基本确定 2020 年后国际气候制度。

第四阶段：2016 年至今，主要就细化和落实《巴黎协定》的具体规划开展谈判。

469. 什么是《联合国气候变化框架公约》？

《联合国气候变化框架公约》（United Nations Framework Convention on Climate Change，UNFCCC），是 1992 年 5 月 22 日联合国政府间谈判委员会（IPCC）就气候变化问题达成的公约，于 1992 年 6 月 4 日在巴西里约热内卢举行的联合国环境与发展大会（地球首脑会议）中签署，于 1994 年 3 月 21 日正式生效。《联合国气候变化框架公约》是世界上第一部为全面控制二氧化碳等温室气体排放，以应对全球气候变暖给人类经济和社会带来不利影响的国际公约，也是国际社会在应对全球气候变化问题上进行国际合作的一个基本框架，其最终目标是将大气中温室气体浓度稳定在不对气候系统造成危害的水平。

《联合国气候变化框架公约》由序言及 26 条正文组成，具有法律约束力，终极目标是将大气温室气体浓度维持在一个稳定的水平，在该水平上人类活动对气候系统的危险干扰不会发生。《公约》于 1994 年 3 月 21 日正式生效。

470.《联合国气候变化框架公约》的核心内容是什么?

《联合国气候变化框架公约》核心内容包括：提出要将大气温室气体浓度稳定在一定目标范围内，防止气候系统受到人为干扰破坏；强调各缔约方应在公平的基础上，根据共同但有区别的责任和各自的能力，为人类当代和后代的利益保护气候系统；明确了发达国家缔约方应承担率先减排和向发展中国家缔约方提供资金技术支持的义务；指出各缔约方有权并应当保持可持续的发展，承认发展中国家缔约方有消除贫困、发展经济的优先需求；各缔约方应当合作促进有力、开放的国际经济体系，为应对气候变化所采取的措施均不应成为国际贸易上的任意或者无理的歧视手段或者隐蔽的限制。

471. 什么是《京都议定书》?

1997年12月，《联合国气候变化框架公约》第3次缔约方大会在日本京都举行。149个国家和地区的代表通过了旨在限制发达国家温室气体排放量以抑制全球变暖的《京都议定书》，又译《京都协议书》《京都条约》，全称《联合国气候变化框架公约的京都议定书》，是《联合国气候变化框架公约》的补充条款。其目标是"将大气中的温室气体含量稳定在一个适当的水平，进而防止剧烈的气候改变对人类造成伤害"。《京都议定书》和《联合国气候变化框架公约》一样，都是具有法律约束力的协议。

《京都议定书》于2005年2月16日正式生效，首次以国际性法规的形式限制温室气体排放。

《京都议定书》建立了三种旨在减排温室气体的灵活合作机制：国际排放贸易机制（International Emissions Trading，ET）、联合履约机制（Joint Implementation，JI）和清洁发展机制（Clean Development Mechanism，CDM），其中，ET、JI两种机制是发达国家之间实行的减排合作机制，CDM是发达国家与发展中国家之间实行的减排机制，主要是由发达国家向发展中国家提供额外的资金或技术，帮助实施温室气体减排。

为了促进各国完成温室气体减排目标，议定书允许采取以下四种减排方式：（1）两个发达国家之间可以进行排放额度买卖的"排放权交易"，即难以完成削减任务的国家，可以花钱从超额完成任务的国家买进超出的额度；（2）以"净排放量"计算温室气体排放量，即从本国实际排放量中扣除森林所吸收的二氧化碳的数量；（3）可以采用绿色开发机制，促使发达国家和发展中国家共同减排温室气体;（4）可以采用"集团方式"，即欧盟内部的许多国家可视为一个整体，采取有的国家削减、有的国家增加的方法，在总体上完成减排任务。

2011年12月，加拿大宣布退出《京都议定书》，是继美国之后第二个签署但又退出的国家。

472. 什么是"巴厘岛路线图"？

2007 年 12 月 3 日—15 日，《联合国气候变化框架公约》第 13 次缔约方大会在印度尼西亚巴厘岛召开，来自《联合国气候变化框架公约》的 192 个缔约方以及《京都议定书》176 个缔约方的 1.1 万名代表参加了此次大会。经过十多天马拉松式的艰苦谈判，最终艰难地达成了"巴厘岛路线图（Bali Roadmap）"，共计 13 项内容和 1 个附录。

"巴厘路线图"的主要内容包括：大幅度减少全球温室气体排放量，未来的谈判应考虑为所有发达国家（包括美国）设定具体的温室气体减排目标；发展中国家应努力控制温室气体排放增长，但不设定具体目标；为了更有效地应对全球变暖，发达国家有义务在技术开发和转让、资金支持等方面，向发展中国家提供帮助；在 2009 年年底之前，达成接替《京都议定书》的减缓全球变暖的新协议。

"巴厘岛路线图"的重要意义在于确定了"两轨"谈判进程。一是在公约下启动旨在加强公约实施的谈判进程，重点讨论减缓、适应、技术和资金问题，发达国家在 2012 年后继续承担量化的减排义务，且相互间的减排努力要具有可比性，发展中国家要在发达国家"可测量、可报告和可核实"的资金、技术和能力建设支持下，采取"可测量、可报告和可核实"的国内适当减缓行动。二是在议定书下继续谈判议定书发达国家缔约方在 2012 年后第二减排期的进一步减排指标。

473. 什么是《巴黎协定》？其重点内容是什么？

《巴黎协定》（The Paris Agreement）是由全世界 178 个缔约方共同签署的气候变化协定，是对 2020 年后全球应对气候变化的行动作出的统一安排。协议共 29 条，包括目标、减缓、资金、技术、能力建设、透明度等内容。重点有：

（1）长期目标。重申 2℃ 的全球温升控制目标，同时提出要努力实现 1.5℃ 的目标，并且提出在本世纪下半叶实现温室气体人为排放与清除之间的平衡；

（2）国家自主贡献（The Intended Nationally Determined Contributions，INDCs）。各国应制定、通报并保持其"国家自主贡献"，通报频率是每五年一次。新的贡献应比上一次贡献有所加强，并反映该国可实现的最大力度，同时反映该国共同但有区别的责任和能力；

（3）减缓。要求发达国家继续提出全经济范围绝对量减排目标，鼓励发展中国家根据自身国情逐步向全经济范围绝对量减排或限排目标迈进；

（4）资金。明确发达国家要继续向发展中国家提供资金支持，鼓励其他国家在自愿基础上出资；

（5）透明度。建立"强化"的透明度框架，重申遵循非侵入性、非惩罚性的原则，并为发展中国家提供灵活性。透明度的具体模式、程序和指南将由后续谈判制订；

（6）全球盘点。每五年进行定期盘点，推动各方不断提高行动力度，并于2023年进行首次全球盘点。2016年4月22日170多个国家领导人在纽约签署气候变化协定，称为《巴黎协定》，该协定为2020年后全球应对气候变化行动作出安排。《巴黎协定》长期目标是将全球平均气温较前工业化时期上升幅度控制在2℃以内，并努力将温度上升幅度限制在1.5℃以内。全球将尽快实现温室气体排放达峰，本世纪下半叶实现温室气体净零排放。

474.《巴黎协定》对各缔约方更新国家自主贡献有什么要求？

《巴黎协定》要求各缔约方每五年更新一次国家自主贡献，鼓励在更新中提高减排目标并实施更广泛的适应措施，并制定法律法规、出台政策以推动目标落实。截至2022年5月底，已有161个缔约方（包括133个国家、欧盟及其27个成员国）更新了国家自主贡献，130多个国家通过领导人宣示和立法等方式宣布了碳中和、净零排放、气候中和等目标。其中，中国将于2060年实现碳中和，欧盟将于2050年实现气候中和，德国将于2045年实现气候中和，英国将于2050年实现净零排放，日本将于2050年实现净零排放，韩国将于2050年实现碳中和，有关目标均已纳入各自国家（地区）法律；美国和印度分别宣布将于2050年和2070年实现净零排放。

475. 什么是温升目标？

《巴黎协定》中提出了未来的温升目标：到本世纪末，把全球平均气温升幅控制在工业化前水平2℃之内，并努力将气温升幅限制在工业化前水平1.5℃之内。由此产生了2℃温升目标和1.5℃温升目标。

476. 什么是"2 摄氏度阈值"说？

"2 摄氏度阈值"说是欧盟率先提出来的。其内容是，尽管气候变化的科学研究仍存在诸多不确定性，但越来越多的共识趋向于认为，平均气温的提升不能超过2℃，这是生态系统和人类社会生存的底线。相对于1750年工业化前的水平，全球平均气温升高2摄氏度是人类社会可以容忍的最高升温，并由此引发出，为确保到本世纪末全球升温不超过这个阈值，则全球在2050年以前必须将温室气体排放在1990年的基础上至少减少50%，即所谓全球排放减半。有专家指出，"2 摄氏度阈值说"不具有权威性。中国科学院研究成果指出，一些发达国家强调要达到这一阈值，到 2020 年需要将大气中二氧化碳浓度控制在 450ppm（1ppm 为百万分之一）内，以此得出全球只能排放 8000 亿吨二氧化碳的结论。按照某些发达国家设计的这一减排路径，占全球人口 15% 的发达国家仍能占用 8000 亿吨中 40% 以上的排放空间，而占全球人口 85% 的发展中国家只能占用 50% 多的排放空间。

477. 为什么全球控温 1.5℃ 生死攸关？

2018 年 10 月 8 日，联合国政府间气候变化专门委员会（IPCC）布了一份重磅报告——《IPCC 全球升温 1.5℃ 特别报告》。报告称：到 2100 年将全球气温升高控制在 1.5℃ 以内，对人类和生态系统会有更多益处。

如果气候变暖持续下去，预计全球气温在 2030 年—2052 年间就会比工业化之前水平升高 1.5℃。到 2040 年足以毁灭人类的气候大危机就会上演。而如果地球表面平均温度控制在 1.5℃ 范围内有助于避免地球气候、人类健康和生态系统恶化。由于现今地表均温较工业革命前水平已经升高 1℃，按照第二项控温目标，今后人类活动所致温度上升不能超过 0.5℃。研究表明，温度少上升 0.5℃，地球的生态系统表面上能够保持现今状态。如果维持宽松控温目标，人类和其他生物将面对一个更难生存的地球。如能实现 1.5℃ 控温目标，相比 2℃ 目标，全球缺水人口将减少一半；由高温、雾霾和传染病所致患病和死亡人数下降；海平面少上升 0.1 米；失去栖息地的脊椎动物和植物数量少一半；全球大部分珊瑚礁得以幸存。如果实现 1.5℃ 目标，经常遭遇极端高温天气的人口将减少大约 4.2 亿，遭遇异常高温天气的人口将减少 6400 万。

478. 什么是可持续发展？

可持续发展指在不损害后代人满足其自身需要能力的前提下满足当代人需要的发展。可持续发展要求为人类和地球建设一个具有包容性、可持续性和韧性的未来而努力。

要实现可持续发展，必须协调三大核心要素：经济增长、社会包容和环境保护。这些因素是相互关联的，且对个人和社会的福祉都至关重要。消除一切形式和维度的贫穷是实现可持续发展的必然要求。为此，必须促进可持续、包容和公平的经济增长，为所有人创造更多的机会，减少不平等，提高基本生活标准，促进社会公平发展和包容性，推动自然资源和生态系统的综合和可持续管理。

479. 联合国可持续发展目标（SDGs）是什么？

可持续发展目标（Sustainable Development Goals，SDGs），又称全球目标，致力

于通过协同行动消除贫困，保护地球并确保人类享有和平与繁荣。

17 项可持续发展目标（SDGs）（无贫穷；零饥饿；良好健康与福祉；优质教育；性别平等；清洁饮水和卫生设施；经济适用的清洁能源；体面工作和经济增长；产业、创新和基础设施；减少不平等；可持续城市和社区；可持续的消费和生产模式；气候行动；海洋资源；陆地生态环境；和平、正义和强大机构；促进目标实现的伙伴关系）建立在千年发展目标所取得的成就之上，增加了气候变化、经济不平等、创新、可持续消费、和平与正义等新领域。

实现可持续发展目标要求世界各国人民坚持合作与务实的态度，以一种可持续的方式来提高我们以及后代的生活。它们为所有国家提供了明确的指导方针和目标，将本国的发展重点与全世界面临的环境挑战结合起来。可持续发展目标具有包容性。它们致力于从根本上解决贫困问题，并让我们团结起来为人类发展和地球保护作出贡献。

480. 什么是国际可持续发展准则理事会？

国际可持续发展准则理事会（International Sustainability Standards Board，ISSB）是国际独立的标准制定机构，由国际财务报告准则基金会发起组建，于 2021 年 11 月 3 日在第 26 届联合国气候变化大会上正式启动，旨在制定与国际财务报告准则相协同的可持续发展报告准则。

481. 什么是全球环境信息研究中心？

全球环境信息研究中心是一家总部位于伦敦的国际组织，前身为碳披露项目（Carbon Disclosure Project，CDP），是全球商业气候联盟的创始成员。CDP 致力于推动企业和政府减少温室气体排放，保护水和森林资源，在伦敦、北京、香港、纽约、柏林、巴黎、圣保罗、斯德哥尔摩和东京设有办事处。2012 年，CDP 进入中国，致力于为中国企业提供一个统一的环境信息平台。

482. 什么是科学碳目标倡议组织？

科学碳目标倡议组织（Science Based Targets initiative，SBTi）是由碳披露项目（CDP）、联合国全球契约组织、世界资源研究所和世界自然基金会联合发起的合作组织，致力于界定和推动以科学为基础的减碳目标和最佳实践，为克服相关障碍提供资源和指导，并对企业设定的碳中和目标进行独立的第三方评估。

483. 什么是 RE100？

RE100 是 100% 可再生能源（Renewable Energy 100%）的缩写，是为应对全球变暖而建立的国际组织，由国际非营利气候组织和全球环境信息研究中心共同发起和管理。截至 2022 年 3 月，全球已有超过 350 家成员，包括苹果、谷歌、可口可乐、微软、飞利浦、高盛等全球极具影响力的企业都有参与。

484. 什么是国际碳行动伙伴组织？

国际碳行动伙伴组织（International Carbon Action Partnership，ICAP）是一个面向全球各个地区、国家和地方政府的国际交流和合作平台，它们已经实施或正在规划建立碳排放交易体系。ICAP 旨在探讨碳交易体系的最佳实践，推动相关的政策对话、能力建设与合作。

485. 什么是国际能源机构？

国际能源机构（International Energy Agency，IEA）也称国际能源署，是经济合作与发展组织的辅助机构之一。1974 年 11 月成立。现有成员国 31 个。它的宗旨是：协调各成员国的能源政策，减少对进口石油的依赖，在石油供应短缺时建立分摊石油消费制度，促进石油生产国与石油消费国之间的对话与合作。

486. 什么是"共同但有区别的责任"原则？

共同但有区别责任原则，是指由于地球生态系统的整体性和在导致全球环境退化过程中发达国家和发展中国家的不同作用，各国对保护全球环境应负共同但有区别的责任。它包括两个方面，即共同的责任和有区别的责任。这是因为发展中国家与发达国家之间在对全球环境所施加的压力以及对全球自然资源的消耗方面存在着实际差别。共同但有区别的责任原则不仅体现了污染者付费原则，也体现了公平原则。

"共同"是指，每个国家都要承担起应对气候变化的义务。"区别"是指，发达国家要对其历史排放和当前的高人均排放负责，它们也拥有应对气候变化的资金和技术，而发展中国家仍在以经济和社会发展及消除贫困为首要和压倒一切的优先事项。因此，发达国家的减排是法律规定义务，而发展中国家提出的措施属自主行动。

根据这一原则，发达国家应向发展中国家提供资金和技术支持；发展中国家在得到发达国家的技术和资金支持下，采取措施减缓或适应气候变化。

487. 什么是国家自主贡献目标?

国家自主贡献目标(Nationally Determined Contributions,NDC)是指根据巴黎协定要求,各缔约方根据自身情况确定的应对气候变化行动目标。

488.《格拉斯哥突破议程》在何时签署?

在执行《巴黎协定》的同时,部分国家自愿达成相关协议和声明,进一步推动应对气候变化全球行动。在《联合国气候变化框架公约》第二十六次缔约方大会上,中国、美国、欧盟等40多个国家和组织签署《格拉斯哥突破议程》,计划在未来10年内共同加快研发和部署电力、道路交通、钢铁、制氢、农业等领域低碳技术和可持续发展解决方案。

489.《关于森林和土地利用的格拉斯哥领导人宣言》的承诺是什么?

在《联合国气候变化框架公约》第二十六次缔约方大会上,中国、俄罗斯、巴西等100多个国家签署了《关于森林和土地利用的格拉斯哥领导人宣言》,承诺到2030年停止砍伐森林,扭转土地退化状况。部分国家还就煤电转型、甲烷控排、零排放汽车推广等议题签署相关协议和声明。

490. 对全球各国碳排放量进行深入研究的机构有哪些?

世界范围内对全球各国碳排放量进行深入研究的机构有近10家,分别为国际能源署(International Energy Agency, IEA)、美国橡树岭国家实验室 CO_2 信息分析中心(Carbon Dioxide Information Analysis Centre,CDIAC)、欧盟联合研究中心(European Commission`s Joint Research Centre, JRC)和荷兰环境评估机构(Netherlands Environmental Assessment Agency, PBL)的全球大气研究排放数据库(Emissions Database for Global Atmospheric Research, EDGAR)、美国能源信息管理局(U.S. Energy Information Administration, EIA)、世界银行(World Bank, WB)和世界资源研究所(World Resources Institute, WRI)等,以上机构报告的排放数据被广泛使用,它们每年发布的全球各个国家的排放数据已经成为全球气候变化谈判与博弈的重要参考。

491. 全球七大碳排放数据库是哪些?

世界上几乎所有碳排放数据库、数据清单等都基于《IPCC 国家温室气体清单指南》。七个常用的碳排放数据库,具体如下:全球碳预算数据库(Global Carbon Budget，GCB）、二氧化碳信息分析中心数据档案库（Carbon Dioxide Information Analysis Centre，CDIAC）、全球大气研究排放数据库（Emissions Database for Global Atmospheric Research，EDGAR）、英国石油公司（British Petroleum，BP）、美国能源情报署（Energy Information Administration，EIA）、中国多尺度排放清单模型（Multi-resolution emission inventory for China，MEIC）、中国碳排放数据库（China Emission Accounts and Datasets，CEADs）。

492. 全球七大碳交易所分别是什么？

全球七个主要碳交易所分别是：全球首个碳交易所，芝加哥气候交易所（Chicago Climate Exchange，CCX）；碳排放权交易规模最大的交易所，美国洲际交易所（Intercontinental Exchange，ICE）；碳交易业务规模仅次于ICE的碳交易平台，欧洲能源交易所（European Energy Exchange，EEX）；定位为全球碳交易平台的交易所，Climate Impact X（CIX）；为元宇宙时代打造的合规绿色数字资产交易所，元宇宙绿色交易所（Meta Verse Green Exchange，MVGX）；全球首个专注于绿债的交易平台，卢森堡绿色交易所（Luxembourg Green Exchange，LGX）；亚洲首个绿色交易所，香港可持续及绿色交易所（STAGE）。

493. 什么是欧盟碳关税？其作用是什么？

欧盟碳关税是指严格实施碳减排政策的国家或地区要求在进口或出口高碳产品时，缴纳或返还相应的税费或碳配额。被征税的进口产品主要是碳排放密集的产品，例如铝、钢铁、水泥、玻璃、化肥等。

欧盟碳关税旨在与欧盟的排放交易系统平行运作，用以解决碳泄漏的风险。此处的碳泄漏是指在欧盟严格的温室气体减排政策体系下，高碳排、高耗能的企业将生产基地搬迁到碳减排措施相对宽松的地区；或者让大量碳排放成本较低的进口产品涌入欧盟市场。通过征收碳关税，可以缩小欧盟内产品与进口产品的价格差距，保护本地的产业利益，也避免欧盟企业的碳排放转移到全球其他地区。

494. 欧盟碳关税提案的修订内容是什么？

欧盟时间2022年6月22日，欧洲议会以450票赞成、115票反对、55票弃权通过了关于建立世界上第一个碳边界调整机制提案，并提出相关规则修正。针对2021年7月欧盟委员会提出的碳关税提案，欧洲议会提出的修正内容包括：

（1）碳关税从2027年起征，2027年后欧盟进口商将必须每年申报上一年进口到欧盟的货物数量和总货物的内含排放量，并交出相应数量的欧盟碳边境调节机制证书。

（2）扩大了产品范围，除了欧盟委员会提出的钢铁、铝、电力、水泥、化肥等产品外，增加了有机化学品、塑料、氢气和氨气。

（3）扩大了排放认定范围，增加了间接排放，即来自制造商使用和外购的电力的排放。

（4）欧盟碳边境调节机制所涵盖的部门的免费配额将从 2027 年开始逐步取消，并在 2032 年初消失。免费配额的数量将在 2027 年减少到 93%，2028 年减少到 84%，2029 年减少到 69%，2030 年减少到 50%，2031 年减少到 25%。

495. 中国如何深度参与全球气候治理?

大力宣传习近平生态文明思想，分享中国生态文明、绿色发展理念与实践经验，为建设清洁美丽世界贡献中国智慧、中国方案、中国力量，共同构建人与自然生命共同体。主动参与全球绿色治理体系建设，坚持共同但有区别的责任原则、公平原则和各自能力原则，坚持多边主义，维护以联合国为核心的国际体系，推动各方全面履行《联合国气候变化框架公约》及其《巴黎协定》。积极参与国际航运、航空减排谈判。

496. 如何推动中国气候变化领域与国际的务实合作?

加强气候变化领域国际对话交流，深化与各国的合作，广泛开展与国际组织的务实合作。积极参与国际气候和环境资金机构治理，利用相关国际机构优惠资金和先进技术支持国内应对气候变化工作。深入务实推进应对气候变化南南合作，设立并用好中国气候变化南南合作基金，支持发展中国家提高应对气候变化和防灾减灾能力。继续推进清洁能源、防灾减灾、生态保护、气候适应型农业、低碳智慧型城市建设等领域国际合作。结合实施"一带一路"战略、国际产能和装备制造合作，促进低碳项目合作，推动海外投资项目低碳化。

497. 什么是南南合作?

南南合作，即发展中国家间的经济技术合作（因为发展中国家的地理位置大多位于南半球和北半球的南部分，因而发展中国家间的经济技术合作被称为"南南合作"），是促进发展的国际多边合作不可或缺的重要组成部分。

南南合作是发展中国家自力更生、谋求进步的重要渠道，也是确保发展中国家有效融入和参与世界经济的有效手段。南南合作是广大发展中国家基于共同的历史遭遇和独立后面临的共同任务而开展的相互之间的合作。南南合作旨在促进发展中国家之间，传播人类活动所有领域内的知识或经验，并相互分享的能力，主要内容包括推动发展中国家间的技术合作和经济合作，并致力于加强基础设施建设、能源与环境、中小企业发展、人才资源开发、健康教育等产业领域的交流合作。

498. 中国开展的应对气候变化南南合作状况如何？

中国积极开展应对气候变化南南合作，为发展中国家应对气候变化提供力所能及的支持和帮助。截至 2022 年 6 月，已与 38 个国家签署 43 份合作文件，援助小水电站、光伏电站、自动气象站等应对气候变化项目，提供气象卫星、光伏发电系统、节能照明设备、新能源汽车、环境监测设备、清洁炉灶等相关物资及荒漠化防治等技术，为约 120 个国家培训了约 5000 名应对气候变化领域的官员和技术人员，帮助发展中国家提高应对气候变化能力。

499. 中国是何时发起"一带一路"绿色发展伙伴关系倡议的？

中国坚持把绿色作为底色，携手各方共建绿色丝绸之路，加强在落实《巴黎协定》等方面的务实合作。2021 年中国发起"一带一路"绿色发展伙伴关系倡议，呼吁各国根据共同但有区别的责任原则、公平原则和各自能力原则，结合各自国情采取行动以应对气候变化。中国同有关国家一道，成立"一带一路"能源合作伙伴关系，携手应对气候变化。

第九部分　节日篇

500. 与碳达峰碳中和相关的节日有哪些?

（1）世界湿地日：2月2日。1971年2月2日，来自18个国家的代表在伊朗南部海滨小城拉姆萨尔签署了《关于特别是作为水禽栖息地的国际重要湿地公约》。为了纪念这一创举，并提高公众的湿地保护意识，1996年3月《湿地公约》常务委员会第19次会议决定，从1997年起，将每年的2月2日定为世界湿地日（World Wetland Day）。

（2）中国植树节：3月12日。中国植树节定于每年的3月12日，是中国为激发人们爱林、造林的热情，促进国土绿化，保护人类赖以生存的生态环境，通过立法确定的节日。在当天，全国各地政府、机关、学校、公司会响应造林的号召，集中举行植树节仪式，从事植树活动。

（3）世界森林日：3月21日。世界森林日（World Forest Day）是于1971年，在欧洲农业联盟的特内里弗岛大会上，由西班牙提出倡议并得到一致通过的。同年11月，联合国粮农组织（FAO）正式予以确认。以引起各国对人类的绿色保护神——森林资源的重视，通过协调人类与森林的关系，实现森林资源的可持续利用。有的国家把这一天定为植树节；有的国家根据本国的特定环境和需求，确定了自己的植树节。而今，除了植树，"世界森林日"更广泛关注森林与民生的更深层次的本质问题。

（4）世界水日：3月22日。世界水日（World Water Day）宗旨是唤起公众的节水意识，加强水资源保护。为满足人们日常生活、商业和农业对水资源的需求，联合国长期以来致力于解决因水资源需求上升而引起的全球性水危机。1977年召开的"联合国水事会议"，向全世界发出严重警告：水将成为一个深刻的社会危机，石油危机之后的下一个危机便是水。1993年1月18日，第四十七届联合国大会作出决议，确定每年的3月22日为"世界水日"。

（5）中国水周：3月22日—28日。1988年《中华人民共和国水法》颁布后，水利部即确定每年的7月1日至7日为"中国水周"，考虑到世界水日与中国水周的主旨和内容基本相同，因此从1994年开始，把"中国水周"的时间改为每年的3月22日—28日，时间的重合，使宣传活动更加突出"世界水日"的主题。

（6）世界气象日：3月23日。世界气象日（World Meteorological Day）是世界气象组织成立的纪念日，开展世界气象日活动的主要目的是让各国人民了解和支持世界气象组织的活动，唤起人们对气象工作的重视和热爱，推广气象学在航空、航海、水利、农业和人类其他活动方面的应用。1960 年 6 月，世界气象组织通过决议，从 1961 年起将公约生效日，即 3 月 23 日定为"世界气象日"。

（7）国际爱鸟日：4 月 1 日。1906 年 4 月 1 日，《世界保护益鸟公约》签署。这是最早的国际生态文献之一。此后，4 月 1 日就被定为国际爱鸟日。

（8）全国各地的爱鸟周：4 月中的某一周。"爱鸟周"源于 1981 年，最初为保护迁徙于中日两国间的候鸟而设立。同年，中国国务院批准了林业部等 8 个部门《关于加强鸟类保护执行中日候鸟保护协定的请示》报告，确定在每年的 4 月至 5 月初的一个星期为"爱鸟周"，在此期间开展各种宣传教育活动。由于中国幅员辽阔，南北气候不同，各地选定的爱鸟周时间也不尽相同。1992 年国务院批准的《陆生野生动物保护条例》，将"爱鸟周"以法规的形式确定下来。

（9）世界地球日：4 月 22 日。世界地球日（World Earth Day）是一个专为世界环境保护而设立的节日，旨在提高民众对于现有环境问题的意识，并动员民众参与到环保运动中，通过绿色低碳生活，改善地球的整体环境。2009 年第 63 届联合国大会决议将每年的 4 月 22 日定为"世界地球日"。

（10）世界候鸟日：5 月和 10 月的第二个星期六。世界候鸟日（World Migratory Bird Day），此活动是由《非欧亚迁移性水鸟协定》与《全球迁徙物种公约》联合发起的，两个国际条约由联合国环境规划署管理执行。世界候鸟日诞生于 2006 年，每年 5 月和 10 月的第二个星期六是世界候鸟日。

（11）全国防灾减灾日：5 月 12 日。2008 年 5 月 12 日，一场有着巨大破坏力的地震在四川汶川发生，造成重大人员伤亡和财产损失。为进一步增强全民防灾减灾意识，推动提高防灾减灾救灾工作水平，经国务院批准，从 2009 年开始，每年的 5 月 12 日定为"全国防灾减灾日"。一方面顺应社会各界对中国防灾减灾关注的诉求，另一方面提醒国民前事不忘、后事之师，更加重视防灾减灾，努力减少灾害损失。

（12）国际生物多样性日：5 月 22 日。国际生物多样性日（International Day for Biological Diversity，又称：生物多样性国际日），是鉴于公共教育和增强民众生态意识对在各层面执行《生物多样性公约》的重要性，联合国大会于 2000 年 12 月 20 日宣布每年 5 月 22 日，即《生物多样性公约》通过之日为国际生物多样性日。

（13）世界无烟日：5 月 31 日。世界无烟日（World No Tobacco Day，或译世界无烟草日），是世界卫生组织在 1987 年创立的，每年的 5 月 31 日为世界无烟日。其意义是宣扬不吸烟的理念。而每年皆有一个中心主题，表示在该年关于烟草和不吸烟方面特别值得关注的话题。

（14）全国节能宣传周：6月中的一周。全国节能宣传周活动是在1990年国务院第六次节能办公会议上确定的，目的是在夏季用电高峰到来之前，形成强大的宣传声势，唤起人们的节能意识。为普及气候变化知识，宣传低碳发展理念和政策，鼓励公众参与，推动落实控制温室气体排放任务。自2013年起，将全国节能宣传周的第三天设立为"全国低碳日"，旨在坚持"以人为本"的理念，加强适应气候变化和防灾减灾的宣传教育。

（15）世界环境日：6月5日。世界环境日（World Environment Day）为每年的6月5日，反映了世界各国人民对环境问题的认识和态度，表达了人类对美好环境的向往和追求。这是联合国促进全球环境意识、提高政府对环境问题的注意并采取行动的主要媒介之一。联合国环境规划署在每年6月5日选择一个成员国举行"世界环境日"纪念活动，发表《环境现状的年度报告书》及表彰"全球500佳"，并根据当年的世界主要环境问题及环境热点，有针对性地制定"世界环境日"主题，总称世界环境保护日。

（16）世界海洋日：6月8日。第63届联合国大会上将每年的6月8日确定为世界海洋日（World Oceans Day）。联合国秘书长潘基文就此发表致辞时指出，人类活动正在使海洋世界付出可怕的代价，个人和团体都有义务保护海洋环境，认真管理海洋资源。

（17）世界防治荒漠化和干旱日：6月17日。世界防治荒漠化与干旱日（World Day to Combat Desertification），第49届联合国大会决议，从1995年起把每年的6月17日定为"世界防治荒漠化与干旱日"，旨在进一步提高世界各国人民对防治荒漠化重要性的认识，唤起人们防治荒漠化的责任心和紧迫感。

（18）全国土地日：6月25日。1991年5月24日，国务院会议决定，为了深入宣传贯彻《土地管理法》，坚定不移地实行"十分珍惜和合理利用土地，切实保护耕地"的基本国策，确定每年6月25日，即《土地管理法》颁布纪念日为"全国土地日"。

（19）世界人口日：7月11日。世界人口日（International Population Day）是每年的7月11日。1987年7月11日，地球人口达到50亿。为纪念这个特殊的日子，1989年，在联合国发展规划署理事会建议国际社会把每年的7月11日定为世界人口日，以便把重点放在紧迫性的人口总体发展计划和解决这些问题的方案。

（20）国际保护臭氧层日：9月16日。随着人类活动的加剧，地球表面的臭氧层出现了严重的空洞。1995年1月23日联合国大会决定，每年的9月16日为国际保护臭氧层日（International Day for the Preservation of the Ozone Layer），要求所有缔约国按照《关于消耗臭氧层物质的蒙特利尔议定书》及其修正案的目标，采取具体行动纪念这个日子。国际保护臭氧层日的确定，进一步表明了国际社会对臭氧层耗损问题的关注和对保护臭氧层的共识。

（21）世界旅游日：9 月 27 日。世界旅游日（World Tourism Day）是由世界旅游组织确定的旅游工作者和旅游者的节日。1970 年 9 月 27 日，国际官方旅游联盟在墨西哥城举行的特别代表大会上通过了世界旅游组织章程。为纪念这个日子，1979 年 9 月世界旅游组织第三次代表大会正式把 9 月 27 日定为世界旅游日。

（22）世界动物日：10 月 4 日。世界动物日（World Animal Day），每年的 10 月 4 日，在世界各地举办各种形式的纪念活动。爱护动物已成为世界十大环保工作之一，自 20 世纪 20 年代开始就有各国的环保团体在 10 月 4 日举行各种活动，宣传爱护动物、尊重动物，正视、善待与人类息息相关的动物，维护和平衡生态环境。

（23）国际减灾日：10 月 13 日。国际减轻自然灾害日（International Day for Disaster Reduction）是由联合国大会通过决议确定为每年 10 月 13 日国际减轻自然灾害日，简称"国际减灾日"。自然灾害是当今世界面临的重大问题之一，严重影响经济、社会的可持续发展和威胁人类的生存。联合国于 1987 年 12 月 11 日确定 20 世纪 90 年代为"国际减轻自然灾害十年"。所谓"减轻自然灾害"，一般是指减轻由潜在的自然灾害可能造成对社会及环境影响的程度，即最大限度地减少人员伤亡和财产损失，使公众的社会和经济结构在灾害中受到的破坏得以减轻到最低程度。

（24）世界粮食日：10 月 16 日。世界粮食日（World Food Day）是世界各国政府每年在 10 月 16 日围绕发展粮食和农业生产举行纪念活动的日子。世界粮食纪念日，是在 1979 年 11 月举行的第 20 届联合国粮食及农业组织大会决定：1981 年 10 月 16 日为首次世界粮食日纪念日。世界粮食日的所在周是中国粮食安全宣传周。

（25）地球生态超载日。地球生态超载日（Earth Overshoot Day），又被称为"生态越界日"或"生态负债日"，是指地球当天进入了本年度生态赤字状态，已用完了地球本年度可再生的自然资源总量。"地球生态超载日"的概念由美国环保组织"全球生态足迹网络"及英国智库"新经济基金会"提出，2012 年 8 月 23 起开始设立，其理论基础是"生态足迹分析"法。经测算，约从 1970 年起，人类对自然的索取开始超越地球生态的临界点。过去数十年的趋势显示，几乎每隔 10 年，这一天的到来会提前一个月。2022 年的地球生态超载日为 7 月 28 日。

参考资料

[1] 胡锦涛. 坚定不移沿着中国特色社会主义道路前进 为全面建成小康社会而奋斗——在中国共产党第十八次全国代表大会上的报告 [R]. 北京：人民大会堂，2012.

[2] 习近平. 决胜全面建成小康社会 夺取新时代中国特色社会主义伟大胜利——在中国共产党第十九次全国代表大会上的报告 [R]. 北京：人民大会堂，2017.

[3] 习近平. 高举中国特色社会主义伟大旗帜 为全面建设社会主义现代化国家而团结奋斗——在中国共产党第二十次全国代表大会上的报告 [R]. 北京：人民大会堂，2022.

[4] 生态环境部. 什么是碳达峰碳中和 [EB/OL]. https://www.mee.gov.cn/ywdt/spxw/202111/t20211110_959767.shtml，2021–11–09.

[5] 中共中央国务院. 生态文明体制改革总体方案 [Z]. 2015.

[6] 联合国政府间气候变化专门委员会. 气候变化2022：影响、适应和脆弱性 [R]. 2022.

[7] 中国气象局气候变化中心. 中国气候变化蓝皮书（2022）[M]. 北京：科学出版社，2022.

[8] 中华人民共和国住房和城乡建设部，国家市场监督管理总局. GB/T 51366—2019 建筑碳排放计算标准 [S]. 北京：中国建筑工业出版社，2019.

[9] 中华人民共和国国家质量监督检验检疫总局，中国国家标准化管理委员会. GB/T 32150—2015 工业企业温室气体排放核算和报告通则 [S]. 北京：中国标准出版社出版，2015.

[10] 四川省林草局. 四川省林草碳汇发展推进方案（2022—2025年）[Z]. 2022.

[11] 中国气象服务协会. T/CMSA 0027—2022 区域陆地碳汇评估技术指南 [S]. 2022.

[12] 生态环境部. 大型活动碳中和实施指南（试行）[Z]. 2019.

[13] 华东能监局，安徽省能源局. 安徽省绿色电力交易试点规则 [Z]. 2022.

[14] 中国节能协会. T/CECA-G 0189—2022 企业碳资信评价规范 [S]. 2022.

[15] 广东省低碳产业技术协会. T/GDDTJS 06—2022 零碳社区建设与评价指南 [S]. 2022.

[16] 泰尔英福. 工业互联网碳效管理平台建设指南 [Z]. 2022.

[17] 陆诗建. 碳捕集、利用与封存技术 [M]. 北京：中国石化出版社，2020.

[18] 生态环境部环境规划院. 中国二氧化碳捕集利用与封存（CCUS）年度报告（2021）[R]. 北京：2021.

[19] 吕升浩.地质 CO2 封存技术发展现状与比较 [J]. 云南化工，2022，49（02）：69–71.

[20] 中国 21 世纪议程管理中心.国家适应气候变化科技发展战略研究 [M].北京: 科学出版社，2016.

[21] 张德善，佟振合，吴骊珠.人工光合作用 [J]. 化学进展，2022，34（07）:1590—1599

[22] 张旭辉，潘根兴.稻田与稻作农业对碳中和的启示 [J]. 科学，2021，73（06）：18–21.

[23] 自然资源部第一海洋研究所.HY/T 0349—2022 海洋碳汇核算方法 [S]. 2022.

[24] 国家林业和草原局调查规划设计院.GB/T 38590—2020 森林资源连续清查技术规程 [S].北京：中国标准出版社出版，2020.

[25] 国家林业局调查规划设计院.GB/T 26424—2010 森林资源规划设计调查技术规程 [S]. 北京：中国标准出版社出版，2010.

[26] 何宇，陈叙图，苏迪.林业碳汇知识读本 [M].北京：中国林业出版社，2017.

[27] 邹广严.能源大辞典 [M].四川：四川科学技术出版社，1997.

[28] 山东省农业科学院情报资料研究所.常用农业科技词汇 [M].济南: 山东科学技术出版社，1983.

[29] 张建军，朱金兆著.水土保持监测指标的观测方法 [M].北京：中国林业出版社，2013.

[30] 孟宪宇.测树学 [M].北京：中国林业出版社，1996.

[31] 全国绿化委员会.全国国土绿化规划纲要（2022—2030 年）[Z]. 2022.

[32] 亢新刚.森林经理学（第四版）[M].北京：中国林业出版社，2011.

[33] 国家市场监督管理总局，国家标准化管理委员会.GB/T 41198—2021 林业碳汇项目审定和核证指南 [S].北京：中国标准出版社出版，2021.

[34] 中华人民共和国国务院新闻办公室.中国的生物多样性保护白皮书（2021 年）[M].北京：人民出版社，2021.

[35] 孟丹.碳达峰背景下能源的低碳转型发展 [J].能源与节能，2021（12）：22–25.

[36] 中国能源发展战略与政策研究课题组.中国能源发展战略与政策研究 [M].北京：经济科学出版社，2007.

[37] 袁亮.我国煤炭工业高质量发展面临的挑战与对策 [J]. 中国煤炭，2020，46（1）：6–12.

[38] 罗盾.为什么煤电不可缺失（上）：灵活性煤电的必要性 [J].能源，2021（6）：50–54.

[39] 中华人民共和国国务院新闻办公室.新时代的中国能源发展白皮书 [M].北京：人民出版社，2020.

[40] 国际能源署，2050 年净零排放：全球能源行业路线图 [R].北京，2021.

[41] 联合国大会.联合国气候变化框架公约 [R].里约热内卢，1992.

[42] 联合国政府间气候变化专门委员会.第五次评估报告 [R].哥本哈根，2014.

[43] 中国国家发改委能源研究所.中国 2050 年光伏发展展望 [R]. 马德里：联合国马德里气候变化大会，2019.

[44] 中国核能行业协会.中国核能发展报告 2022 蓝皮书 [M]. 北京：社会科学文献出版社，2022.

[45] 中华人民共和国国家质量监督检验检疫总局，中国国家标准化管理委员会.GB/T 24499—2009 氢气、氢能与氢能系统术语 [S]. 北京：中国标准出版社，2009.

[46] 中国产学研合作促进会.T/CAB 0078—2020 低碳氢、清洁氢与可再生氢的标准与评价 [S]. 2020.

[47] 国家发展改革委，国家能源局.氢能产业发展中长期规划（2021—2035 年）[Z]. 2022.

[48] 国家能源局.抽水蓄能中长期发展规划（2021—2035 年）[Z]. 2021.

[49] 吴皓文，王军，龚迎莉，杨海瑞，张缦，黄中.储能技术发展现状及应用前景分析 [J]. 电力学报，2021，36（05）:434–443.

[50] 郭万达.现代产业经济辞典 [M]. 北京：中信出版社，1991.

[51] 中华人民共和国国家质量监督检验检疫总局，中国国家标准化管理委员会.GB/T 33635—2017 绿色制造—制造企业绿色供应链管理导则 [S]. 北京：中国标准出版社，2017.

[52] 国家市场监督管理总局，中国国家标准化管理委员会.GB/T 36132—2018 绿色工厂评价通则 [S]. 北京：中国标准出版社，2018.

[53] 国家市场监督管理总局，国家标准化管理委员会.GB/T 41350—2022 再制造—节能减排评价指标及计算方法 [S]. 北京：中国质检出版社，2022.

[54] 中华人民共和国国家质量监督检验检疫总局，中国国家标准化管理委员会.GB/T 32163.2—2015 生态设计产品评价规范 第 2 部分：可降解塑料 [S]. 北京：中国标准出版社，2015.

[55] 全国工业绿色产品推进联盟，中国产学研合作促进会.T/CAGP 0001—2016，T/CAB 0001—2016 绿色设计产品评价技术规范 房间空气调节器 [S]. 2016.

[56] 国家市场监督管理总局，中国国家标准化管理委员会.GB/T 37099—2018 绿色物流指标构成与核算方法 [S]. 2018.

[57] 郭扬，吕一铮，严坤，田金平，陈吕军.中国工业园区低碳发展路径研究 [J]. 中国环境管理，2021，13（01）：49–58.

[58] 中华人民共和国住房和城乡建设部，国家市场监督管理总局.GB/T 50378—2019 绿色建筑评价标准 [S]. 北京：中国建筑工业出版社，2019.

[59] 天津市环境科学学会.T/CASE 00—2021 零碳建筑认定和评价指南 [S]. 2021.

[60] 中华人民共和国住房和城乡建设部，国家市场监督管理总局.GB/T 51350—2019 近零能

耗建筑技术标准 [S]. 北京：中国建筑工业出版社，2019.

[61] 中华人民共和国住房和城乡建设部，中华人民共和国国家质量监督检验检疫总局 . GB50314—2015 智能建筑设计标准 [S]. 北京：中国计划出版社，2015.

[62] 中国建筑节能协会，2021 中国建筑能耗与碳排放研究报告 [R]. 北京，2021.

[63] 江亿 . 中国建筑能耗状况和发展趋势 [R]. 北京：第三届城市生态与节能论坛，2016.

[64] 住房和城乡建设部 . 绿色建造技术导则（试行）[Z]. 2021.

[65] 中共中央 国务院 . 乡村振兴战略规划（2018—2022 年）[Z]. 2018.

[66] 环球零碳 . 新知 | 什么是 Power-to-X，为什么对碳中和很重要 [EB/OL]. https://mp.weixin. qq.com/s/bFT7-eufp28hPGgJgWvgDA，2022-09-20.

[67] 中国房地产业协会 . 中国房地产企业碳排放调研报告 2021[R]. 北京：2021 中国房地产业碳达峰发展高峰论坛，2021.

[68] 陆化普，冯海霞 . 交通领域实现碳中和的分析与思考 [J]. 可持续发展经济导刊，2022（Z1）：63-67.

[69] 王靖添，马晓明 . 中国交通运输碳排放影响因素研究—基于双层次计量模型分析 [J]. 北京大学学报（自然科学版），2021，57（06）：1133—1142.

[70] 李晓易，谭晓雨，吴睿，徐洪磊，钟志华，李悦，郑超蕙，王人洁，乔英俊 . 交通运输领域碳达峰、碳中和路径研究 [J]. 中国工程科学，2021，23（06）：15-21.

[71] 国家邮政局发展研究中心 . 中国邮政快递业绿色发展报告（2020）[R]. 北京，2021.

[72] 中国人民银行研究局 . 绿色金融术语手册 [M]. 2018 年版 . 北京：中国金融出版社，2018.

[73] 中国技术经济学会 . T/CSTE 0061—2021 气候投融资项目分类指南 [S]. 2021.

[74] 巴曙松，丛钰佳，朱伟豪 . 绿色债券理论与中国市场发展分析 [J]. 杭州师范大学学报（社会科学版），2019，41（1）：91-106.

[75] 丽水市市场监督管理局 . DB3311/T 144—2020 绿色信贷实施指南 [S]. 2020

[76] 国家发展改革委，国家能源局 . 绿色电力交易试点工作方案 [Z]. 2021.

[77] 国家可再生能源信息管理中心 . 绿色电力证书自愿认购交易实施细则（试行）[Z]. 2017.

[78] 国家税务局税收科学研究所 . 国际税收辞汇 [M]. 北京：中国财政经济出版社，1992.

[79] 北京市市场监督管理局 . DB11/T 1861—2021 企事业单位碳中和实施指南 [S]. 2021.

[80] 联合国全球契约组织 . 企业碳中和路径图 [R]. 北京：联合国驻华代表处，2021.

[81] 江苏省市场监督管理局 . DB32/T 3490—2019 低碳城市评价指标体系 [S]. 2019.

[82] 联合国政府间气候变化专门委员会 . 第六次评估报告 [R]. 日内瓦，2021.

[83] 联合国人居署，2020 年世界城市报告 [R]. 2020.

[84] 21 世纪可再生能源政策组织 . 全球城市可再生能源现状报告 [R]. 2021.

[85] 国家市场监督管理总局，国家标准化管理委员会. GB/T 40947—2021 安全韧性城市评价指南 [S]. 2021.

[86] 陈迎，巢清尘等. 碳达峰碳中和 100 问 [M]. 北京：人民日报出版社，2021

[87] 全球零碳伙伴. 极简碳中和：109 个碳中和知识快问快答 [EB/OL]. https://mp.weixin.qq.com/s/Bo_3h8DpFu4u8QzCeOqs5w，2021-09-30.

后　记

纵观人类文明发展史，生态兴则文明兴，生态衰则文明衰。当人类沉醉于征服自然的胜利时，多少曾经灿烂的文明，都已埋藏于万顷黄沙。那些最初的成果，一个又一个消失在历史的长河中。人类历史与自然历史息息相关，相辅相成，人类与大自然更是唇齿相依的命运共同体。因此，尊重自然，顺应自然，保护自然，建设生态文明，实现人与自然的和谐共生是我们的唯一选择。

习近平总书记指出：推进碳达峰碳中和，不是别人让我们做，而是我们自己必须要做，但这不是轻轻松松就能实现的，等不得，也急不得。必须尊重客观规律，把握步骤节奏，先立后破、稳中求进。立足于全球低碳化转型的环境背景以及碳达峰碳中和的科普工作还相对薄弱的实际情况，《碳达峰碳中和知识500问》全面阐述中国绿色低碳、节能减排的发展理念，战略规划和政策实践，以期为碳达峰碳中和基础知识的普及提供有效途径。

本书由石家庄学院京津冀双碳研究中心牵头。在编写过程中，中国企业走出去联盟（CEGG）、中国工合国际委员会（ICCIC）、新华通讯社河北分社、河北省国土整治中心、河北省国有资产监督管理工作协会、河北省林业产业协会、河北银行股份有限公司、河北盛德源税务师事务所、河北省新能源汽车行业协会、北京青年人力资源服务商会、中国人民大学河北校友会、石家庄市版权协会等给予了大力支持。在此，谨向所有给予本书帮助支持的单位和同志表示衷心感谢。

本书的出版旨在宣传碳达峰碳中和相关知识，传播文化，助力国家碳达峰碳中和目标的实现。书中的文字、附图主要通过图书、文献、标准、政策文件和互联网等渠道获得，编委会全体成员在此一并感谢。如有涉及版权问题，编委会全体成员深表歉意，并郑重道歉，版权所有者可联系编委会删除。

《碳达峰碳中和知识500问》编写组

2022 年 11 月